中华科技传奇丛书

从观象到射电望远镜

钟 虎 编著

上海科学普及出版社

图书在版编目(CIP)数据

从观象到射电望远镜/钟虎编著 . ——上海:上海
科学普及出版社,2014.3
(中华科技传奇丛书)
ISBN 978—7—5427—6043—2

Ⅰ. ①从… Ⅱ. ①钟… Ⅲ. ①天文观测—技术史—中
国—普及读物   Ⅳ. ①P12—092

中国版本图书馆 CIP 数据核字(2013)第 306647 号

责任编辑:胡 伟

中华科技传奇丛书
从观象到射电望远镜
钟 虎 编著
上海科学普及出版社出版发行
(上海中山北路 832 号 邮政编码 200070)
http://www.pspsh.com

各地新华书店经销 三河市华业印装厂印刷
开本 787×1092 1/16 印张 11.5 字数 181 400
2014 年 3 月第一版 2014 年 3 月第一次印刷
ISBN 978—7—5427—6043—2 定价:22.00 元

前言

小时候，我们总喜欢仰望夜空，看着那些不断闪烁的繁星，心中会生出许多美丽的幻想。日月流转，灿烂星河，茫茫的宇宙空间是那样的神秘莫测，让人陶醉，更让人心神向往，而我们人类对于浩瀚宇宙的探索，从古至今都没有停止过。

早在远古时代，人类就开始观测日月星辰的变化规律，并且据此来辨别方向、编制历法。这也是中国古代天文学的萌芽阶段。那时候的人们通过观测天象，不仅确定了日月星辰在天空中的位置，还记录了有关日食、月食、月掩星、太阳黑子的天文奇观。

到了战国秦汉时期，中国已经形成了以天象观测和历法为中心的完整体系。这时古人不仅完成了闰年、闰月、二十四节气等编撰日历的工作，还破解了日食、月食、行星位置等一系列天文课题，这样的成就让现代人也惊讶不已！

除了天文观测与历法编制，古代中国人在天文仪器的制作方面，也有十分重大的突破。尽管受当时条件的限制，可是我国古代的天文学家还是创造性地设计和制造了许多天文仪器，其中最著名的就是用来测量日影长度的圭表和能够测量天体位置的浑仪，除此之外还有浑象、简仪、高表、仰仪等。

古往今来，人类对于宇宙的探索不断深入，从远古时期的夜观天象，到现代射电望远镜的诞生，其间经历数千年的发展与进步，不仅留下了大量珍稀的天文学资料与天文学著作，还涌现出许多卓有成就的天文学家。如今，我国的天文事业已经迈进了一个崭新的阶段，各种天文观测设备的相继问世，为我们探索更遥远的宇宙打好了坚实的基础。

对于现代人来说，宇宙已经不再仅仅是耀眼的日月，或者夜空中闪烁的繁星。我们探索宇宙的"触角"已经伸向了浩瀚的太阳系、银河系，甚至是广阔无垠的河外星系。这些未知的领域，让我们感觉到自身的渺小，同时也产生了对宇宙的种种遐想与向往，正因为如此，人类对于宇宙的探索才会永不止息！

本书是一本反映中国天文学发展与进步的史话类科普读物，它以生动有趣的文字向读者讲述了"古人观测天文的智慧"、"不断发展的天文利器"、"灿如繁星的天文学著作"、"中国古代著名的天文学家"和"天文观测的新视野"等多方面的内容，让读者在轻松愉悦的阅读氛围中领略中国天文学的辉煌成就，在历史的天空中勾勒出自己的宇宙梦想……

目录

一、古人观测天文的智慧

慧眼观天象 2
闪耀的"日月五星" 5
漫话二十八星宿 8
十二时辰的划分 11
奇妙的古代占星术 14
天空就像一把"巨伞" 17
浑圆的"大鸡蛋" 20
被埋没的宣夜说 23
日中有"黑气" 26
可怕的天狗食日 29
闪亮的"扫帚星" 31
流星陨落如雨 34

二、不断发展的天文利器

最原始的计时器 38
神奇的"太阳钟" 41
周公测影台的诞生 44
能够模拟天象的浑天仪 47
完美的"水运仪象台" 50
地球仪的祖先 53

登封告成观星台 55

最古老的天文台 57

双筒望远镜的诞生 60

奇妙的光学镜 63

80厘米倒影测远镜 66

观测太阳的"宝贝" 69

射电望远镜 72

三、灿如繁星的天文学著作

天文之妙，冠绝一代 76

历史上首部传世历法 78

天文中的"史记" 81

名震中外的经典之作 84

最古老的恒星表 86

争相传唱的歌谣 88

古代最优秀的历法 91

颇具影响的"大明历" 93

天文观测中的巨著 96

四、中国古代著名的天文学家

太阳之母 100

星官的传人 103

地动仪的制造者 106

西汉"算圣" 109

中国天文先驱 112

闪耀在光环背后 115

天文学家的数理智慧 118

编修新历的僧人 121

全能的天文学家 124

天文"明星" 127

复兴之路 130

五、天文观测的新视野

揭开月球的面纱 134

"逐日"梦想永不停息 137

奔向太阳系"大家族" 140

走近壮阔璀璨的银河系 143

庞大的星星"岛屿" 146

寻找"外星人" 149

一、古人观测天文的智慧

慧眼观天象

⊙天文课堂

如果有人问你，世界天文史上起步最早的是哪个国家？你会不会骄傲地回答是中国呢？的确，早在原始社会，我们的祖先就已经在天文学方面卓有成就了，而他们掌握的最初的天文智慧，就是观测天象。

在古代，人们往往看"天"行事，靠"天"吃饭，随着天象的不同变化而进行农耕与狩猎活动。他们认为"天"就是宇宙万物的主宰，具有某种神秘而强大的力量，于是开始有意识地进行天象观测，希望从中认识自然的规律，从而更好地生存下去。

我们的祖先很早就懂得"日出而作，日落而息"的道理，也懂得利用天象的变化来安排自己的"生活作息表"。早在公元前24世纪的帝尧时期，人们就专门设立了一位"天文官"，每天进行"观象授时"的活动。而在遥远的仰韶文化时期，光芒万丈的太阳形象，已经被人们描绘并且记录下来。对于太阳的微妙变化，甚至对于太阳边缘的太阳黑子也有相关的记载。再看殷商时代甲骨刻辞，上面总不乏某些星宿的名字，以及日食、月食的描述……这些都充分说明，我国的天文学知识，在很早期就已经萌发出嫩芽，之后又经历了漫长而繁荣的发展时期，在世界天文史上占据着十分重要的位置。

古人对于天象的观察，主要包括太阳、月亮、恒星、行星、彗星，以及日食、月食、流星雨、太阳黑子等罕见的天象。他们的观察是那样仔细，记录是那样精确，描述是那样生动、详尽，综合水平之高，即使现代人也不免感到惊异！

古人如此勤奋地观测天象，如此重视日月星辰的细微变化，主要是想通过这样的观测来确定四季，编制

殷商时代甲骨刻辞

从观象到射电望远镜

相关的历法，为自己的生产与生活服务。通过观测天象，古人不仅确定了每一"日"的时间、每一"月"的日数、闰月的安排、节气的推算等，还能够计算和预报一些天文学知识，比如日食和月食发生的时间与情况等，甚至还能够推算出五大行星的位置变化。

另一方面，我国是世界上最早从事农业生产的国家之一，而在遥远的上古时代，如果人们不能准确地把握住农事季节，很容易就错过了适宜播种和收获的短暂时节。正因为这样，古人才如此精勤地观测天象，他们可不想错过短暂的播种时节而饿肚子呢！

☉趣味链接

你知道原始人类是如何"观象授时"的吗？原来，他们习惯以太阳的升落来安排自己的作息时间，太阳出来的时候就外出劳作，太阳落坡的时候就回家休息。由于太阳升落形成的明暗交替现象，给原始人类很深刻的感受，于是他们渐渐把太阳升落的周期称为"日"，这也是他们认识到的最早的时间单位。

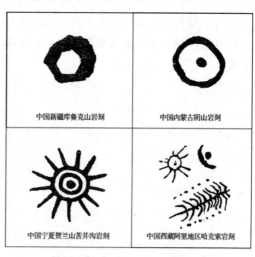

中国新疆库克山岩刻　　中国内蒙古阴山岩刻

中国宁夏贺兰山苦井沟岩刻　　中国西藏阿里地区哈克索岩刻

原始岩画对"日"的描绘

随后，人们又开始对月亮的圆缺变化产生了浓厚的兴趣，因为月亮的光线对于人们的夜间活动安排也十分重要。经过长时间的观测和记录，人们渐渐计算出月亮的圆缺周期大约是30日，于是，一个比"日"更长的时间单位"月"就这样产生了。

如果人们对于"日"和"月"的认识还相对比较容易，那么对于"年"的认识就显得很困难了。可是它对于人们的生产、生活又有着十分重大的意义，因此人们还是对它进行了长期的观察和摸索。人类首先是从草木的枯荣和动物的迁徙开始观察，只是结果并不准确。最后，人们还是通过观测天象才把

3

"年"这个时间单位确定下来的。

⊙古今评说

观测天象是中国古代天文学的萌芽阶段，也是世界天文学的重要组成部分。

几千年以来，中国积累了大量宝贵的天文资料，受到古今中外天文学家的重视。这些资料中有很大一部分都是通过观测天象得来的。如果单从文献的数量来说，中国古代的天文学可以和古代数学相提并论，仅次于农学和中医学，名列中国古代四大自然科学之一。

古代人通过天象观测，渐渐掌握了各种天象的变化规律，从而制定了相关的历法，并且从中了解到更多的与人们生活、生产息息相关的信息。因此，我们可以说，观测天象能够帮助古代人们了解宇宙星辰，也能够帮助他们更好地生存！

闪耀的"日月五星"

⊙天文课堂

古时候，人们总是喜欢遥望天空，对于那些奇特的天象与星辰，充满了无尽的遐想和强烈的探索欲望。古人把最初观测到日、月和金、木、水、火、土五颗行星，合起来称为"日月五星"，或者称它们为七纬。

课堂上老师一定讲过，"纬"就是编织物上的横线。日月五星也像纬线一样，在天空中穿梭行进，编织了一幅美丽的宇宙图景。也正是因为如此，古人才把它们称为七纬。不过，这其中还存在一些"误会"，那就是古人误把日、月也当成行星了。

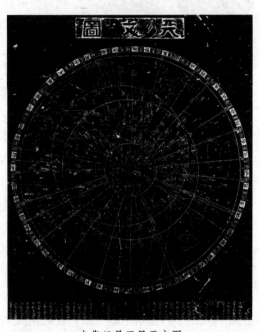

古代日月五星天文图

可事实上，太阳是一颗本身能够散发光芒的恒星，而月亮是一颗围绕地球旋转的卫星，它们并不是真正的行星。

至于金、木、水、火、土五颗行星，早在战国时期就了相应的文字记载，不过那时的五星通常都被称为太白、岁星、辰星、荧惑、镇星。古人把五星分别称为金、木、水、火、土，是配合地上的五元素而产生的，比如在《史记·天官书》中曾经写道："天有五星，地有五行。"那么，金、木、水、火、土五颗行星，在古人眼中又是怎样的呢？

金星又被古人称为太白。它的光色银白耀眼，是除了太阳和月亮以外，天

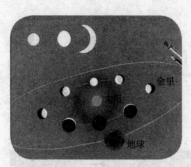

金星又被古人称为太白

空中最闪亮的天体了。金星是一颗内行星，它的运行速度要比地球快很多。当它在黎明时分出现于东方时，古人把它叫做启明星；当它在黄昏的时候出现在西方时，古人又把它叫做长庚星。古人认为启明与长庚是两颗不同的行星，所以在《诗经》中才有"东有启明，西有长庚"的记载，事实上它们都是处于不同位置的金星。

木星是"五星"中体积最大的一颗，看起来也非常明亮。古人把它叫做岁星，因为它大约13年才会绕天1周，每一年都会经过一个特定的星区，所以古人就将它作为纪年的标准，经常说"岁在某某"。

水星就像太阳的"跟屁虫"一样，平时总是和太阳形影不离，最远的距离也不会超过30度，平时很难测到。由于我国古代把1天分为12个时辰，每个时辰正好30度左右，因此古人又把水星称为辰星。

火星是天空中最引人注目的一颗火红色的星球，即使在遥远的古代也被人们向往和憧憬着。由于它在天空中的运行轨道不断变化着，古人观测时觉得它的行踪十分诡异，红色的光芒荧荧如火，让人迷惑不解，因此才把它叫做"荧惑"。

古人把土星叫做镇星，主要是由于它绕天一周大约需要28天的时间，每年正好进入二十八星宿中的一宿，好像轮流坐镇二十八星宿一样。由于土星被美丽的光环围绕着，因此它总能引起古人的好奇与想象。

值得我们注意的是，在我国的古代典籍中，经常会提到"火星"和"水星"，不过它们并不是指行星中的火星与水星，而是指恒星中的定星与大火（心宿）。这一点我们千万不要混淆了。

⊙趣味链接

古人把太阳和月亮也当成行星，这当然是不正确的。所谓行星，是指围绕着太阳在椭圆轨道上运行的类似球形的天体，它们本身是不会发光的，而只能反射太阳的光芒。在太阳系中有八大行星，除了地球本身以及古人观测到的金、木、水、火、土五颗行星之外，还有近代才发现的天王星和海王星。至于太阳和月亮，它们一颗是恒星，一颗是卫星，根本就不能算作真正的行星。那么，什么是恒星，什么是卫星呢？

恒星是一种能够自己发光的球形或者类球形天体，比如太阳系的主星——太阳，就是一颗恒星；而卫星是围绕着行星运转的星球，比如月球就是地球的卫星。在我们的太阳系中，除了金星和水星之外，其他的行星都拥有自己的卫星。

⊙古今评说

在中国古代，日月五星还被称为"七曜"和"七政"。"七曜"的说法不仅在中国古代运用广泛，对于国外的影响也十分巨大——有很多国家和地区，都用"七曜"来代表一个星期的七日；在古巴伦，人们还以"七曜"来为神灵命名。这些都表明中国古代的"七曜"说法，对于世界的影响有多么的巨大！另外，《宋蔡沈传》中有记载："七政，日月五星也。七者，运行于天，有迟有速，犹人之有政事也。"这也充分体现了中国古代天文学的博大精深。古人以日月五星的变化规律，来比喻国家的政事变动，不仅显得贴切自然，还有很深远的文化内涵。

漫话二十八星宿

☉天文课堂

古人在观测日月五星的运行轨迹时，通常都是以恒星作为参照物的。因为恒星大多离地球十分遥远，如果只用肉眼观测的话，很难发现它们的位置变化。正因为如此，古人才会利用这些"不动"的恒星，作为固定的"坐标"，从而观测日月五星的位置变化和运行轨迹。

经过长期的观测之后，古人又将黄道、赤道附近的星座划分成二十八个星区，每个星区都由若干颗恒星组成，俗称二十八星宿。

其中，东方七宿组成一条巨龙的形象，飞舞在春分时节的夜空中，因此被古人称为东方青龙；西方七宿就像一只凶猛的白虎跃入初冬的夜空，因此被古人称为西方白虎；南方七宿组成一只展翅飞翔的鸟儿形象，因此被古人称为南方朱雀；北方七宿形似龟蛇相互缠绕在初秋的夜空，因此被古人称北方玄武。由上面这些星宿组成的动物形象，又被称为四象、四兽或者四维。

二十八星宿的划分充分体现了古代人的天文智慧，它们不仅能够帮助古人确定日月五星的具体位置，还能够帮助古人测定岁时季节的往返，比如古人通过观察某些星宿到达中天的时刻，就能够判定季节的周而复始。另外，由于古人通常都是面对南方来观察星宿变化的，因此才渐渐有了"左青龙，右白虎，前朱雀，后玄武"的说法。

首先说一说青龙。在二十八星宿中，

二十八星宿

青龙是东方七宿"角、亢、氐、房、心、尾、箕"的总称。由于这七宿的形状好像一条腾飞的巨龙，于是从字面意义也可以看出："角"是指龙的角；"亢"是指龙的颈项；"氐"是指颈根部位；"房"是指龙的肩膀；"心"是指龙的心脏；"尾"当然是指龙的尾巴；而"箕"是指龙的尾尖处。

四兽图像

白虎是西方七宿"奎、楼、胃、昂、毕、嘴、参"的总称，这七宿组成一只老虎的形状，显得威武而可怕。在中国道教文化中，白虎是与青龙"齐名"的神兽。称它为白虎，并不是因为它是白色的，而是由于它所代表的西方，在五行中属金，古时人们习惯把金形容成白色。

朱雀是南方七宿"井、鬼、柳、星、张、翼、轸"的总称，它们的形象很像一只展翅飞翔的鸟儿，但它并不是凤凰、玄鸟或三足金乌。由于朱雀代表的南方属火，因此很容易让人联想到浴火重生的凤凰。

玄武是北方七宿"斗、牛、女、虚、危、室、壁"的总称，玄武是一种由龟和蛇组合而成的奇特的灵物。在中国古代，"玄"就是黑色的意思，而"武"就是龟与蛇的组合。

⊙趣味链接

当中国的道教兴起之后，古人又将二十八星宿中的东方青龙、西方白虎、南方朱雀和北方玄武的形象纳入神话体系，以此显示各路神仙的威仪。比如在《抱朴子·杂应》中就将太上老君的形象描绘成："左有十二青龙，右有二十六白虎，前有二十四朱雀，后有七十二玄武。"如此威风凛凛的陪衬，实在令人望而生畏啊！

后来，青龙、白虎、朱雀、玄武的形象越来越人格化，并且都有了自己的封号，其中青龙被封为"孟章神君"，白虎被封为"监兵神君"，朱雀被封为"陵光神君"，玄武被封为"执明神君"。他们各守一方，又被人们称为四方守护神。

再后来，玄武在后世道士的"拥护"下，从四方守护神中脱颖而出，升级成为"真武大帝"，青龙和白虎则被列为山庙的门神，而朱雀逐渐在神话中消失，也有传说称朱雀成为九天玄女。

⊙古今评说

随着世界天文知识的不断发展与更新，人类逐渐探索出星空分区的观念。其中，我国古代的二十八星宿之说几乎享誉全世界。我们可以毫不夸张地说，中国的星宿划分观念是世界上最早的，也是影响最深远的。在当今发掘的众多古墓中，科学家们发现有的墓葬的主人与陪葬物都是按照星宿方位排列的，由此科学家们推测，这些墓主人生前可能是天文、祭祀方面的工作者，这也从另一方面体现了我国古代人的天文智慧。

十二时辰的划分

⊙ **天文课堂**

古时候，人们根据太阳升起与落下的时间，天色的明暗变化，以及自己日常生活、生产的习惯，将一昼夜划分为十二时辰。每个时辰又用几个特别的汉字来表示，它们分别为：子、丑、寅、卯、辰、巳、午、未、申、酉、戌、亥。与此同时，聪明的古代人在观测天象的时候，又将十二时辰与十二种动物结合在一起，创造了举世无双的十二生肖。

那么，十二时辰又是怎么与十二生肖结合在一起的呢？

对于古人来说，观测天象的最佳时机自然是在子夜时分，也就是23～1时。当他们抬头仰望着满天繁星的时候，突然听到屋子里传来老鼠活动的细微声响。渐渐地，古人发现老鼠最喜欢在子夜时分外出活动，便将子时与老鼠联系在一起，创造了十二生肖的第一位"子鼠"。

人们常说"马无夜草不肥"，农家的耕牛也是如此。到了丑时（凌晨1～3时），农家便会起床给自家的耕牛喂草，这样牛与丑时联系在一起，变成为了"丑牛"。

到了3～5时，正是老虎在丛林中活动最为频繁之时。农家也常常在这个时候听到远处丛林中传来可怕的虎啸声，于是便将寅时和老虎联系在一起，有了"寅虎"的说法。

5～7时，天空中微微泛白，农家的小兔子也从窝里跑了出来，去啃食那些挂着露珠的野草。于是人们将卯时与兔

十二生肖与十二时辰

11

子相互联系，然后就有了"卯兔"。

7～9时，浓浓的雾气突然升腾起来，古人开始幻想蒙蒙大雾中会不会有龙"出现"，这样久而久之，便有了"辰龙"的说法。

9～11时，浓雾渐渐散去，火热的太阳冒了出来。此时已经是"巳时"了，正是蛇类最活跃的时刻，它们从阴暗的洞穴中爬出来晒太阳，于是"巳蛇"就这样自然而然地生产了。

11～13时，日光越来越强烈了。正在赶路的商人突然想起了人类的好朋友——马儿。那些奔跑于茫茫草原之上的良驹，它们的性子不就像正午时分的骄阳一样火烈吗？人们将午时与马联系在一起，从此就有了"午马"。

13～15时，时辰已经到了"未时"，此时正是给羊儿喂食的好时光。就这样，"未羊"出现了。

15～17时，太阳跑到了西方，这时候树林里的猴子开始叫唤，人们听到了，觉得特别烦躁，就将这一时辰与猴子联系在一起，"申猴"就这样应运而生了。

17～19时，太阳终于快落坡了，可是农家的鸡还没回窝，这可该怎么办？只见农妇四处寻找，急得高声呼唤，不过鸡最终还是丢了。于是人们不断提醒自己，酉时就应该轰鸡入窝了。这样就有了"酉鸡"。

19～21时，人们开始准备上床休息，在这之前当然还要出门巡视一番，这时跟在他们身后的，就是人类的另一位好朋友——狗。人们习惯将戌时与狗联系在一起，于是就有了"戌狗"。

21～23时，睡在床上的农妇突然听到肥猪拱槽的声音，于是又从床上爬起来，给肥猪添食。这时候将亥时与猪联系起来成为"亥猪"，显得恰到好处。

⊙趣味链接

尽管古人将一昼夜分成了12个时辰，不过古人所说的时间，在白天和晚上还有所区别的。古人在白天说"钟"，在晚上说"鼓"或者"更"，于是又有"晨钟暮鼓"的说法。古时候，很多城镇都修建了专门的钟鼓楼，一般在辰时撞钟报时，因此白天一般都说"几点钟"；而到了酉时，古人又敲鼓报时，于是在晚上一般都说"几鼓天"。另外，晚上说时间也会用"更"，这是因为巡夜的人以敲梆子的方式来报时,整个夜晚分成五更,第三更正好是子时,于是又有"三更半夜"之说。

⊙古今评说

中国古代天文学中的十二时辰独创于世,拥有十分悠久的历史,是中国灿烂的文化瑰宝之一,也是中国古代人民对于世界天文历法做出的杰出贡献。

我国古代的天文学家将一昼夜分为十二时辰,同时又根据十二种动物的生活习惯创造了十二生肖。其实,只要我们认真分析一下就不难发现,十二时辰与十二种动物的生活习性联系在一起,不仅为我们描绘了一幅生动有趣的古代夏日农家生活图景,而且连美丽的自然景观也刻画得妙趣横生。这不得不说是我国古代人民的大智慧啊!

中国古代天文学十二时辰

奇妙的古代占星术

⊙天文课堂

在中国古代，有一门"学问"受到历代封建帝王的重视，显得非常神奇，它就是占星术。由于古人相信"天人合一"，天空中任何一颗星辰的变化，在他们看来都预示着人世间的旦夕祸福，甚至是国家的兴亡更替。因此，早在汉朝的时候，皇室就专门设立了相应的天象观测机构，通过占星术来预测皇帝本人的命运。我们比较熟悉的著名天文学家张衡就是这些机构中的一位官员。

中国古代的占星术有着非常久远的历史，在历朝历代的天文志、方技传和帝纪中，我们总能或多或少地看见它的身影。从原始的甲骨文中就能看到"木星六十年中位置"的记载；在殷墟时代就有很多专门为帝王占卜的星占师；《左传》中记录了春秋时代的各种星占实况；战国时期则有三大星占流派——石氏、甘氏和巫咸；西汉时期则有《史记·天官书》和《淮南子·天文训》等较为出名的星占著作。后来到了唐朝，有一个叫瞿昙悉达的人将先辈们的星占著作汇集到一起，写成了《开元占经》一书，同时占星术也在唐朝达到了历史的巅峰。

古代占星表

对于古代人来说，他们可能很难将天文学和占星术的概念分别开来，而且古代的天文学也正是从星占学中分离出来的。古时候所说的"天文"是指天象，也就是日月星辰在天空上运行的景象。古人勤于观测天象，不仅为了探索自然和宇宙的奥秘，更多的还是从天

14

象中看出人世间的风云变幻，以及人世间的吉凶祸福——这些也是星占学的最初宗旨。

古人十分虔诚地相信，星占学家能够通过占星术推导出国家的兴亡更迭以及帝王的凶吉祸福，因此古代君王们都会将星占视为国家的高度机密，生怕有人通过占星术来迷惑众人，从而影响到自己的统治地位。占星术由此被列为"禁区"，在清朝之前的各朝帝王都对它实行了绝对的控制，不允许私人学习。而那些由皇室设立的天象观测机构和星占学家们，则被视为"国之利器"，他们通过占星做出的解释或者预测，通常都会起到决定性的作用，有时候甚至能够改变国家的命运。

尽管中国古代的占星术也同样适用于普通民众，可是天空中最明亮的星辰都分配给了位高权重的大人物，因此它又被称为"皇家占星术"，它所占卜的通常都是国家大事。不过，普通的老百姓仍然能够从星占学中的某些"异象"（比如彗星、流星等）中，窥见到自己家庭是否会遭遇到什么不幸，或者"预见"某些社会性的大事，比如荒年、灾年等。

⊙趣味链接

中国古代的占星术如此久远而精深，那么西方占星术又是如何的呢？根据人们现今掌握的资料来看，西方占星术可能在7000年前就已经开始萌芽了，当时的古巴比伦的游牧民族将对天象的观察，以及对日月星辰的崇拜结合起来，开创了一种占卜形式，并且成为西方星占学的基础。

后来，这种占星术渐渐流传到欧洲的古希腊、古罗马等地，得到了一代又一代学者的推崇和发展。如今西方的占星术已经与普通民众的生活紧密结合，有的地方报纸每天都要刊登各种算命天宫图，此外各种星占学书籍和杂志层出不穷，使占星术成为了人们生活中的一部分。

西方占星术

⊙古今评说

我们知道，古代的占星术是一种迷信，因为它只是运用预言的方式来预测吉凶，缺乏切实的科学根据。可是，被称为"迷信"的中国古代占星术，却在古时候大行其道，流传了数千年之久，并且秘不外传。古人观测到的天象越是怪异，那么国家政权就越是动荡不安，所有人都惶惶不可终日；每当古人行军打仗之时，军事机构总少不了占星师的身影……到底是什么原因使得神奇的占星术可以在古代长盛不衰呢？尽管古代的科学并不发达，各方面的认识也很有限，可是古人也有自己的智慧，在天文学史上也出现了不少精英人才。这样说来，对于古代的占星术，我们并不能因为它是"迷信"而弃之不顾，相反它也有许多值得我们去学习和研究的地方。

天空就像一把"巨伞"

⊙天文课堂

如今，只要有一定常识的人都知道，我们的地球家园只是茫茫宇宙中一颗微不足道的小星球。然而这个最简单的天文常识，对于很早以前的古人来说，却是很难想象的。他们站在广阔的大地上，仰望着浩瀚无垠的天空，开始构想天与地的关系，以及整个宇宙的结构。

古人通过肉眼的观测，发现头顶的天空就像一个大大的圆盖，而平坦宽广的大地就像一个巨大的棋盘，天空就这样笼罩在大地上。他们甚至还通过自己的想象，将天与地的距离臆算成8万里，将"大棋盘"的边长臆算成81万里。这种"天圆地方"的说法，便是我国最早的宇宙结构学说——盖天说。它最初产生于周代，并且一直影响后世天文学的发展。

在两千多年前的西汉，盖天说有了比较详细的文字记载。著名的天文著作《周髀算经》里就曾写道："天圆如张盖，地方如棋局。"意思是说，我们头顶的天空是圆形的，就像一把张开的"巨伞"覆盖在大地上；脚下的大地是方形的，就像一个巨大的棋盘，日月星辰就像棋子一样在天空中往来穿梭。正是基于这样的理解，古代的盖天说又被称为"天圆地方说"。

那么，古人为什么会认为天空是圆形而大地是方形的呢？这主要和人们的视觉有关。其实不光古人，就是今天我们走到一个比较空旷的地方仰望天空，也会有一种"天似穹庐，笼盖四野"的感觉。随着生产力的不断发展，古人的认识水平也在不断地提高，他们渐渐意识到，"盖天说"也有一些不能自圆其说的地方，那就是圆形的天空与方形的大地是如何衔接在一起的呢？如果圆形的天空与大地的四条边相接，那么大地的

天圆地方

古代人由于活动范围狭小，往往凭自己的直觉认识世界，看到眼前的地面是平的，以为整个大地是平的，并且把天空看作是倒扣着的一口巨大的锅。我国古代有"天圆如张盖，地方如棋局"的说法。

天圆地方学说

17

夏昆吾商巫咸周史伏甘德石申之流居是官者专察

天象之常变而已故自上古以来天文有世掌之官唐虞羲和

夫不言而信天之道也天於人君有告戒之道焉示之

以象而已故自上古以来天文有世掌之官唐虞羲和

粉重校刊

天文一

承德郎右正言管句礼部尚书臣黄汝良等奉

皇明朝列大夫国子监祭酒臣方从哲

承德郎右正言管句礼部尚书臣黄汝良等奉

开府仪同三司上柱国录军国重事新中书令兼中书监知经筵事都总裁脱脱等修

宋史卷四十八　　　　天文志第一

仪象　中星　极度　土圭　黄赤道

晋代的天文著作《天文志》

四角就会伸到外面去了；如果圆形的天空与大地的四角相接，那么天空就会伸到大地外面去了。

也正因为如此，古人才不断地修正自己的说法。在公元前6世纪左右，全新的"盖天说"理论便应运而生了。这种理论认为，天空和大地并不是相互衔接的，天空仍然像一把"巨伞"覆盖在大地上，只不过多了八根巨型的柱子支撑着它，在每根柱子的顶端和"巨伞"的边缘部分，被无数条结实的绳子紧紧地系在一起。这样全新的"盖天说"，将天空与大地变成了一个有八根柱子的圆顶凉亭，实在让人惊讶不已！

不过，这种修正后的宇宙结构，仍然遇到许多人的质疑，于是古人又对"盖天说"加以改进。在晋代的天文著作《天文志》中就有记载："天圆像盖笠、地法复盘……"也就是说，天空就像一个斗笠覆盖在大地上，大地就像一个圆形的盘子而不是方形的棋盘。这样，天空是圆形的，大地也是圆形的，它们就能够严实无遗地衔接在一起了。

⊙趣味链接

可能你并不知道，古人的"盖天说"不仅影响了中国天文史的发展，还对中国的古建筑史产生过巨大的影响呢！就拿我们比较熟悉的天坛来说吧，它最显著的特点，就是利用圆形和方形的建筑结构组成天坛的基本形状——圆形的坛，方形的墙，内坛墙和外坛墙还组成了一个北圆南方的形状。这样的结构在中国古代建筑中十分常见，比如承德的外八庙也能够看到，它们都源自中国古代的"盖天说"，也就是我们熟知的"天圆地方"理论。古代的建筑工匠发挥了他们极大的智慧，将中国古代的宇宙观以及在天文学所取得的瞩目成就，融入古代建筑艺术中，将天文学与建筑美学恰如其分地融合在一起，真是一种惊人的创举啊!

⊙古今评说

关于宇宙的结构,我国古代主要有盖天说、浑天说和宣夜说3种,其中盖天说是我国最早的古代的宇宙学说,它形成于周代,并在战国时期逐渐走向成熟。到了公元前1世纪左右,《周髀算经》中记载并且保留了这一学说,随后逐渐形成一个比较完整的体系。

尽管盖天说存在许多局限性,也被之后越来越多的天文事实所否定,可是它仍然反映了我国古代人民的天文智慧,体现了古人认识宇宙结构的一个阶段性成果,在描述天体视觉运动方面具有一定的历史意义。

浑圆的"大鸡蛋"

⊙天文课堂

古人仰望天空，发现日月星辰东升西落、往来穿梭，它们都是从哪里来的，又要落到哪里去呢？耀眼的太阳与皎洁的月亮，在东升以前或者西落以后，都躲在什么地方呢？类似这样的问题，一直存在古人的脑海中，让他们感到疑惑不解。直到东汉时期，著名的天文学家张衡提出了一套较为完整的"浑天说"思想，才使得人们心中的疑团得到了解答。

支持浑天说的天文学家认为，整个宇宙就像一颗浑圆的"大鸡蛋"，而天空和大地的关系就像蛋白与蛋黄的关系一样，天空将大地包裹在其中。在盖天说中，人们还认为天空是半球形的，而在浑天说中，天的形状已经被认定为椭圆球形的。大地也是一个球形，它浮漂在水面上，不断地回旋飘荡着，后来也有一些天文学家指出，地球是漂浮在气上的。无论哪一种说法，都足以说明浑天说包含了朴素的"地动说"思想。

古人运用浑天说来解释日月星辰在天空中的运行规律，显得一目了然。根据浑天说的观点，天空就像一个球形，日月星辰都依附在上面。晚上的时候，太阳落到了地球的背面，满天的星辰升了起来；白天的时候，星辰都落到了地球背面，太阳又升了起来。如此不断循环，便有了日与夜的交替。

虽然浑天说认为日月星辰都依附在一个坚固的天球上，可是这并不是说天球外面就没有其他的东西了，而是认为在天球之外，还有一个人类无法探索的神秘世界，那里充满了水或者气体。这也是浑天说比盖天说更为高明的地方。

著名的天文学家张衡

自从浑天说横空出世以后，并没有完全取代

盖天说在天文史上的重要地位，而是出现了两家争鸣的情况。不过，从客观上来说，浑天说的确要比盖天说进步很多，对于很多前人无法破解的天象，也做出了较为合理的解释。

另外，浑天说还拥有两件"秘密武器"：一是当时最为先进的天文观测仪——浑仪，天文学家可以通过它得到精确的观测事实，从而更好地认证浑天说的合理性。对于古人来说，通过浑仪观测而制定的历法，显得精

浑天学说

确无比，这也是优于盖天说的地方。另外一件"秘密武器"就是浑象，天文学家可以通过它来演示天体是如何运行的，让人们形象地了解并且折服于浑天说的卓越思想。

正是基于以上原因，才使得浑天说逐渐在古代天文史上取得了绝对的优势地位。到了唐朝时期，著名的天文学家一行等人通过大地的测量，将盖天说彻底地推翻了，这也使得浑天说在中国古代天文领域独占鳌头，称霸千年之久。

⊙ 趣味链接

从某些方面来说，浑天说与流行于欧洲的地心说，也有很多不谋而合的地方。比如它们都以为地球是整个宇宙的中心。

地心说认为，宇宙的中心就是我们的地球，它是静止不动的。

在地球之外，日月星辰都在各自的圆形轨道上围绕地球运行旋转，其中太阳和月亮的运转速度要比其他行星慢一些，而在日月星辰之外，还有一个镶嵌着更多恒星的"恒星天"，在恒星天之外还有促使天体运动的"原动天"。

无论是浑天说，还是地心说，它们都将地球视为宇宙的中心，这当然是不科学的。不过，它们在天文史上的功绩却是不容我们忽视的，因为它们都标志着古代人们对于宇宙认识的不断探索与不断进步。

⊙ 古今评说

相比于盖天说，浑天说在解释天文现象方面，更容易被人们接受和认可。

首先，它认识到地球是一个球形，这不仅可以合理地解释月食、日食等现象，还能够推测出发生月食、日食的日期。另外，浑天说对于宇宙结构的描绘，明显比盖天说更接近于真实。正是由于这些进步的思想，使得浑天说从萌芽之后，很快便成为中国古代影响最为深远的宇宙学说之一。

不过，这也并不是说它是无懈可击的。比如它把地球看作宇宙的中心，就是它的局限性。另外还有一些观点，也无法自圆其说，比如"天地各乘气而立，载水而浮"——如果日月星辰都依附在天体内壁，那么当它们运转到地平线以下之后，又是如何从中经过的呢？这显然是无法解释的。

被埋没的宣夜说

⊙天文课堂

我国古代天文史上有一种最富远见的宇宙结构学说——宣夜说。它最初起源于殷商时期，直到东汉时期一个叫郄萌的人才对它进行了全面的分析和详细的解释。"宣夜"是指天文学家经常废寝忘食地观测星辰。因而，"宣夜说"是天文学家经过不断观察星辰日月得出的结论。

宣夜说

"宣夜说"认为，天是没有固定形态的，日月星辰作为一种气的凝聚也在广袤的气中随意地游荡。

一直以来，所有的天文学家都认为天是具有固定形态的，就像一枚带有硬壳的鸡蛋。中国的神话传说女娲补天，就能够很好地反映出古人的这种思想。而亚里士多德和托勒密也认为宇宙的边际是一个布满星辰的"天球"。就连著名的天文学家哥白尼，也认为这个"天球"就是宇宙的范围。但是"宣夜说"却推翻了这种天体拥有固定形态的理论，反而认为宇宙的范围是无限宽广的，这对于几千年前的古人来说，的确显得难能可贵！只要我们翻开英国科技史专家李约瑟博士的《中国科学技术史》一书，就能够看到这样的记载：

"这种全新而开明的宇宙结构学说，丝毫不逊色于希腊的任何说法。我们都知道，亚里士多德和托勒密共

英国科技史专家李约瑟

同创造的同心水晶球概念，将欧洲人的天文思想桎梏了好几个世纪，而中国的'宣夜说'要比欧洲的水晶球概念更接近于现代天文学的研究成果！"

只是，这种全新而开明的宇宙结构学说，最初并没有得到人们的重视与认可。如果没有郗萌的研究与发展，这一理论很有可能会被后人所遗忘。在郗萌之后，"宣夜说"又有了很大的发展和突破，比如三国时期著名的天文学家杨泉，就将"宣夜说"再次发扬光大。他在自己的著作《物理论》中写道："我们头顶的天空充满了虚无的元气，除此之外便一无所有；我们脚下的大地却拥有具体的形状。这就好像烟和灰一样，灰在下面拥有具体的形状，而烟在上面却是无形的。"

在中国古代的天文史上，"宣夜说"留下了不可磨灭的印迹，不过因为当时的科学技术并不发达，人们的认知水平也很有限，因此它也存在许多不足的地方。比如，那些研究和支持"宣夜说"的天文学家们，误以为日月星辰的运行都依靠宇宙中无形的"气"，而没有认识到天体的运动受到万有引力及电磁力等因素的影响。尽管"宣夜说"并不完美，可是它仍然创造了一种全新而开明的宇宙结构学说，代表着我国古代人民的卓越智慧。

⊙趣味链接

几千年以前的宣夜说认为，宇宙在时间与空间上都是无限的，那么根据现代天文学的研究成果，宇宙到底是不是无限的呢？

现代天文学将宇宙定义为一切时间、空间和物质所构成的统一体。最初的宇宙产生于一次惊人的大爆炸，之前宇宙一直处于不断膨胀的状态。也就是说，宇宙是无穷尽的。近几年，西方的一些天文学家又提出了"宇宙无始无终"的全新理论。他们认为宇宙既没有诞生之日，也不会有终结之时，而是在一次又一次的大爆炸中不断循环往复的。

无论是哪一种说法，都证明宇宙是无限宽广的，这也是古代宣夜说所提出的宇宙无限论。

⊙古今评说

宣夜说创造了一种全新而又大胆的理论，它认为宇宙中的所有天体都是漂浮于气体中的，而这些天体本身也是由气体组成。这种大胆的设想不仅在古代显得很有创造性，而且与现代的天文学理论也有许多共通的地方。

在宇宙结构方面，宣夜说认为宇宙在空间上是无边无际的，而且在时间上也是无始无终的。尽管它没有将行星从其他星体中分离出来，也没有认识到行星运动的复杂性，可是从科学规律来说，宣夜说仍然要比盖天说和浑天说高明得多。它就像一颗闪亮的星辰，在中国古代天文史上留下最辉煌的一页。只可惜，它的卓越思想并没有得到充分的重视与发展，甚至被历史的风尘所埋没，几致失传。

日中有“黑气”

⊙天文课堂

太阳，一直是地球上所有生灵所需的光和热的源泉，同时也是人类研究的对象。古人就经常对太阳的活动进行观测，并且将自己的所见所闻记载成册。已知最早的关于太阳黑子的介绍是公元前28年在《汉书·五行志》中描述的太阳表面如钱币大小的黑块现象。

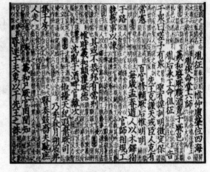

《汉书·五行志》

不过，后代的天文学家研究证实，最早的黑子记录是汉武帝时期《淮南子》，它描述了太阳的黑块现象。在这之后，关于黑子的书籍还有《汉书·五行志》中记载了公元前28年三月出现的太阳黑子：“河平元年……三月己未，日出黄，有黑气大如钱，居日中央。”此书还记载：“汉元帝永光元年（公元前43年）四月，……日黑居仄，大如弹丸。”意思是说，在太阳边侧有大小如同弹丸成倾斜形状的黑子。

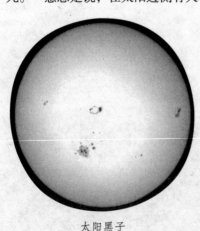

太阳黑子

黑子是太阳物质在运动时产生的现象。因为它经常运动，所以没有固定的形态，存在的时间长短也不一样。有的黑子刚刚出现不到一天就消失了，而有的黑子则可以存在长达数月的时间。关于太阳黑子活跃性，《后汉书·五行志》记载了公元188年正月午时，太阳表面有像鸟一样的黑块，历时数月才消失不见。而在《宋史·天文志》记载了公元1131年二月时，太阳中连续三天有李子般大的黑块。在5年后的十月份太阳黑子则坚持了一个月才消失。而在这次记录的第二年黑子又再度光临长达一月之久。"

由此可见，黑子存在的时间并不相同，而更为有趣的是，它出现和消失的时候还富有变化。起先黑子会出现在太阳的边上，只有圆点那么大，但是它会随着时间的推移逐渐变大，并且分裂成数以万计的小黑子，乌黑黑的两大片，看起来很吓人。很显然，这样的变化也被勤劳的古代天文学者所发现。因为在《宋史·天文志》中就有如板栗大的黑子群的真实写照。

那么，这些黑子的现象在科技落后的古代是怎么被古人所发现的呢？毫无疑问，他们靠的仅仅是自己的双眼，而且只有在乌云蔽日，日升日落的时候才能观察太阳，当然也有利用太阳在水盆中的倒影来观察太阳黑子的情况。古人就是这样通过最原始最直接的方法，在一千多年间记录了上百次的太阳黑子活动，这不得不令人钦佩！

值得一提的是，上面所提到古人关于黑子像铜钱、像板栗、像鸟的描写，都是用来表现黑子的形状，而后面提到的3天和几个月消失则表示黑子的变化过程。古人之所以会这样记载，是因为黑子分布不均大小不一，存在的时间也各有差异。这些记载直到今天都具有相当大的科学价值，今天虽有精密仪器，对黑子的观测也没有超过古人的成就。想想看，在科技落后的古代我们的祖先为此付出了多少辛劳和汗水！他们的精神值得世人敬仰和学习，就像美国天文学家海尔曾经感叹的那样："中国古人观察天象的本领是令人钦佩的。而且他们对于黑子的观测，竟然比欧洲国家要早两千多年，而且他们的成果历代相传经久不衰，实在令人难以置信！"

⊙趣味链接

太阳黑子究竟是如何产生的？这可能是很多人心中的疑问。古人曾经把太阳黑子想象成太阳内部的星辰，甚至是太阳神脸上的麻子。这些当然是缺乏科学依据的。

太阳黑子的产生主要与太阳本身的构造有关。我们知道，太阳是由不停做环绕运动的热气组成的，而这些热气并不是整体运动——太阳的南北极运转速度，要比外部赤道慢一些，这样的不平衡运转使得太阳的主要磁场发生了改变，就好像我们平时躺在床上睡觉一样，如果总是在床上翻天覆地地打滚，那么床单也会变得鼓皱起来。在太阳表面鼓皱的部分，磁力特别大，于是它们将下面的热气推回去，并且阻止热量再升到太阳表面。这些鼓皱的部分，就是我们观测到的太阳黑子。

由于太阳表面的温度要比太阳黑子的温度高很多，因此使得太阳黑子看来更加突出。另外，太阳黑子又会阻挡太阳表面的热气靠近它们，于是它们周围的区域变得比平时更高温，颜色也更明亮，在这样的对比之下，太阳黑子就显得更加醒目了。

⊙古今评说

中国古人勤于观测，对于太阳黑子的记录也很丰富。这些记录不仅是一份宝贵的天文财富，对于现代天文学的研究也有很重要的科学价值。它们是中国古代天文史上浓墨重彩的一笔，也是关于太阳活动状况的最直接的观测史料。古代的天文学家利用这些资料，能够推算出太阳黑子出现的周期以及大概状况，令现代的天文学家也惊叹不已！

中国著名的科学家竺可桢先生，就曾经利用大量的历史资料，对于太阳的活动以及中国历史的气候变化做了研究，最后他发现，凡是古代中国关于太阳黑子最多的世纪，便是中国境内奇寒天气发生次数最多的世纪。这样的发现也震惊了国内外的专家学者们。这也充分说明了，古代关于太阳黑子的记录资料，对于太阳本身的活动，以及日地关系的研究，都拥有十分重要的意义。

可怕的天狗食日

⊙天文课堂

中国古书上有很多关于"天狗食日"的记载：阳光普照的正午，明亮的光线突然暗了下来，抬头一看，太阳缺了一块。人们感到恐惧，认为天上有种可怕的叫天狗的动物吃掉了太阳，于是，敲打着锣鼓驱赶它，过了一会，太阳又出来了，"天狗"被"吓跑"了。这就是古人眼里的日食。

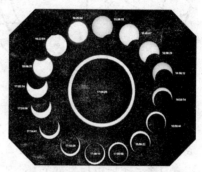

日食现象全过程

为什么会出现日食现象呢？简单地说，是因为月球夹在了太阳和地球之间，挡住了太阳光线。我们都知道，地球围绕太阳转，月球绕着地球转。当地球上的某个地方旋转到面朝太阳的时候，月亮刚好经过，在月球"路过"的那一段时间，太阳照到这个地方的光线被挡住了，我们就有可能看到一块阴影——日食。关于这一点，聪明的古人也早就发现了，在汉朝的墓中，人们挖出许多刻画有日月星辰图形的石头，其中就有些花纹特别奇怪，即太阳与月亮重叠在一起，后人称"日月合璧"。莫非古人就发现了月食的奥秘？

古人还观察到，日食往往出现在朔日，也就是农历的初一，从理论上推断，每月会出现一次日食，但因为月球的投影长短的关系，所以人类看到的机会并不多。

中国最早记载日食的史书是《尚书·胤征》，书中这样记录：大约在公元前2137年10月22日，"（译文）日食出现后，人们仿佛感到了世界末日，一片混乱，匆忙举行救护仪式，沉湎酒色的天文官因没有及时预报而后被砍头。"商代的甲骨卜辞中，记录了至少5次日食，《诗经·小雅》也有日食纪事："十月之交，朔日辛卯，日有食之。"据后人根据日食的规律推断，这次日食发生

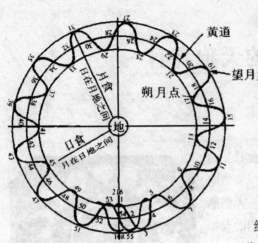

《尚书·胤征》中对日食的记载

即于公元前776年9月6日。后来，人们发现，根据日食记载推断出的历史纪年更加精确。

⊙ **趣味链接**

中国古人也观察日食。到了汉代，人们开始对日食发生时太阳的位置、时间、过程进行详细的记录，聪明的古人开始用油盆代替了水盆对日食进行观测。为了避免对肉眼造成伤害，元朝的郭守敬利用小孔成像法来观察日食发生的过程。到了明朝末年，天文学家徐光启开始用望远镜观察日食，手段更加先进了。今天，我们如有机会观察日食，一定要注意；观察时不要用眼睛直接正对着太阳，否则会因为太阳的热量灼伤视网膜而导致失明，也绝对不能把眼睛凑近没有加黑片遮盖镜头的望远镜直接去看太阳。不观察时要将望远镜盖上镜头盖，以免镜头过分吸热导致爆裂。

⊙ **古今评说**

中国古代一直在持续不断地对日食进行观察和记录。从春秋时代起算到清乾隆年间为止，中国记录了大约有1000次，国际上一致认为，中国的日食记录不仅次数多，而且可信度高，为世人留下了珍贵的科学文化遗产。人们还可以充分利用日食的原理来确定具体的历史时间，所以，日食相当于精确的历史时钟，比如两千多年前的一次日食纪录，帮助人们在20世纪90年代的"夏商周断代工程"中起到了关键性的作用，因为那次日食记录准确地恢复了某些历史细节。

闪亮的"扫帚星"

⊙天文课堂

浩瀚的夜空，偶尔会出现一个飞速运动的特殊的星体，它的形状看起来像一团白雾，拖着一条长长的尾巴，像一把扫帚。这就是人们常说的扫帚星——彗星。在中国古人眼里，彗星的名声很不好，通常人们会认为它是灾难和不幸的象征。

彗星究竟是怎样的一种星体呢？科学家们认为彗星是一些"脏雪球"，由一些冰冻分子和细微尘粒组成。当彗星接近太阳的时候，极高的温度使彗星的冻结物变成气态并向外膨胀，形成彗星，然后在太阳光压和太阳风的推动下扩展出去，这就是我们看到的彗星。

彗星的出现，常被与灾难和战争联系在一起，故人们把它看作不祥的征

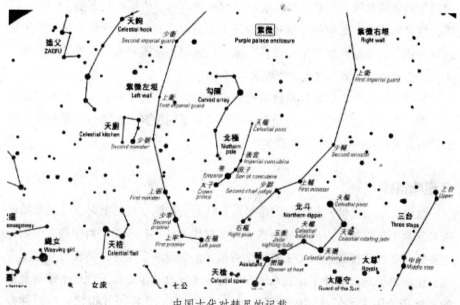

中国古代对彗星的记载

兆。历史上有很多关于彗星带来灾祸的记载，比如《史记·天官书》中记载着这样一则史料：赢正（即后来的秦始皇）当上诸侯王，之后的十五年出现了四次彗星，在这些年代里，秦国消灭六国，杀死很多人，尸体堆积如山。可见，就连学识渊博的司马迁都把"死人如乱麻"与"十五年彗星四见"的事联系起来，更不用说一般老百姓了。

《战国策·魏策四》中有篇文章《唐雎不辱使命》，描写了这样一个天文现象："夫专诸之刺王僚也，彗星袭月。"写专诸这个刺客在刺死王僚之前，彗星的尾巴扫过了月亮，可见，彗星的出现是一种凶兆。

《春秋》上记载："秋七月，有星孛入于北斗。"意思是说，彗星的尾巴扫到了北斗星北。人们认为，北斗七星对应人间保护天子的七大诸侯。周朝一个叫叔服的人看到了"扫把星"冲犯北斗的情景，并且，他发现北斗七星中有三颗星受到了彗星的干扰，而这三颗星分别代表着齐国、晋国和宋国。他预言这三个国家的国君在七年之内一定会遭遇不幸死于非命。这则预言被鲁国的史官载入了史册，从而流传至今。

中国古代史料记载中常把彗星称为孛星、妖星、异星、奇星等，足见人们对彗星的恐惧和厌恶。彗星带来灾祸到底有没有科学依据呢？事实上，科学证明，彗星的确会对太阳的磁场和热量产生不同程度的干扰和变化，直接影响到地球的状态，从而产生干旱、洪涝、风暴、海啸、地震和流行病等异常现象，而且还会通过电磁波干扰人的思维和情绪。

在中国古代，人们对彗星已有比较正确的认识。《汉书五行志》中记载了公元前12年的一次彗星，绘声绘色地描绘了彗星的位置、路径、出现时间，可惜没有人对此作深入的分析和研究。

⊙趣味链接

彗星在中国也被人称为"扫帚星"，认为会扫除一切。旧时迷信说彗星出现是非常不吉利的，会出现战祸或天灾。现代人还"扫帚星"当作骂人的话，主要针对女性。传说，周文王有个功劳很大的谋臣叫姜子牙，年轻时一直不得志，他的妻子马氏离开了他，八十多岁后姜子牙发达了，也不理这个嫌贫爱富的老婆子。因为娶了这样的老婆几乎一辈子不发达，姜子牙很恼火，封神台上，姜子牙封马氏为"扫帚星"，后来人们都把扫帚星看作晦气女子的象征。据说，有的女人命里犯了扫帚星，在出嫁的时候就在娘家带上五谷杂粮，到了夫家，把它们撒到地上，再用扫帚扫到自己家里去，意思是把外面的都往家里扫，从而化解了灾难。

⊙古今评说

早在公元前613年，鲁国的史书《春秋》中就有了关于彗星的记载："秋七月，有星孛入于北斗。"这是世界上关于哈雷彗星最早的记录，而西方一直到1682年才由哈雷发现，比中国晚了两千多年。哈雷彗星每76年出现一次，到1910年止出现过31次，而每次出现我国都有详细的记录，长沙马王堆三号汉墓还出土了29幅彗星图，有力佐证了我国古人对天文的重视。天文学家认为，彗星始终保持着形成初期的状况，对彗星的研究将有

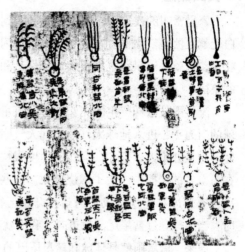

长沙马王堆出土彗星图

助于人类揭开太阳系和生命的形成之谜。此外，有人认为，地球上的水也可能来自彗星。

流星陨落如雨

⊙天文课堂

　　繁星密布的夜空中，我们常常能看到闪过一道白光，很快就消失了，这道白光就是流星。当千万颗流星像一条条闪光的丝带落下时，好像下雨一样非常壮观，这就是流星雨。在很多文学作品和影视作品中，流星被看作浪漫和美好的象征。

　　流星雨是怎样产生的呢？流星和流星雨是宇宙空间中的尘粒和固体块在地球的引力下，进入地球大气圈，同大气摩擦燃烧后发光产生的痕迹。其实流星体的质量并不大，但它们运行的速度很快，至少快于出膛的子弹的10倍，所以在与空气的摩擦中产生了燃烧现象。这些空间物质大多是彗星破碎而成的。彗星主要由冰和尘埃组成。当彗星开始运行时，一些小的微粒被拖在后面，这时，当地球穿过彗星尾部轨道时，我们就有机会看到各式各样的流星雨了。

　　原来，流星雨就是地球和彗星尾巴的一次"亲密接触"。

　　中国古人在很多书籍中记录和介绍了流星雨，远远早于其他民族。古书《竹书纪年》中写道："夏帝癸十五年，夜中星陨如雨。"记录了夏朝的一次流星如雨般降落的情形。

　　中国古人很早就发现了天琴座流星，并有很多记录。《左传》记载："鲁庄公七年夏四月辛卯夜，恒星不见，夜中星陨如雨。"简洁平实地记录了公元前687年的流星雨。特别是公元461年出现的一次流星雨，更是令人惊叹。《宋书·天文志》记述："五年……有流星数千万，或长或短，或大或

夜空中的流星雨

小，并西行，至晚而止。"千万颗大大小小流星一起滑向西天，令人叹为观止。

《新唐书·天文志》非常详细地记录了英仙座流星雨出现时的情景："开元二年五月乙卯晦，有星西北流，或如瓮，或如斗……天星尽摇，至曙乃止。"如瓮和斗一样的大小流星不断落下来，仿佛满天的星星都在摇动一样。

四川隆川陨铁

流星体如果没有燃烧尽进入地球就成了陨石或陨铁。中国古人也发现了陨石的来历，《春秋》和《左传》作了记录，《左转》更是明确地指出陨石是"陨星也"，《史记·天宫书》说："星坠至地，则石也。"更明确地指出星星落地变成石头。

成都地质学院保存着一块我国最古年代的陨铁——四川隆川陨铁，重约58.5千克，出土于公元1716年左右。

⊙趣味链接

古代有过很多关于流星和流星雨的记载。史书有我国最早关于狮子座流星雨的记录。公元931年10月16日晚上约10点多，开始见小流星出现，后在中天和四方可见百余颗流星"流注交横"的壮观景象。当晚，也曾出现两次大颗的明亮的火流星：其中一火球初小后大，约有半升，光亮足以照亮夜空，它以极快的速度消失，尾迹在天空延续了较长时间；另一颗火流星则如大桃般大小。到了宋代，中国著名科学家沈括首次发现陨石中有以铁为主要成分的陨石，他在《梦溪笔谈》卷二十中明确地写道："……乃得一圆石，犹热，其大如拳，一头微锐，色如铁，重亦如之。"意思是那天上掉下来的星星变成一块热石头，颜色和重量都像铁一样。

⊙古今评说

　　中国历朝都设有天文机构，并有专职人员负责观测天象。我国古代关于流星雨的记录在世界上是最早的。中国人不仅记录流星，而且很早能准确地指出陨石的来历。而欧洲在公元1768年才发现三块陨石，一名科学家研究的结论是："石在地面，没入土中，电击雷鸣，破土而出，非自天降。"意思是石头是因为雷电的缘故，从土里冒出来了，而不是从天上掉下来的。两相比较，在当时，西方显然是落后太多了。中国古代有关流星雨的记录有180多次，记载英仙座流星雨大约12次，天琴座流星雨约10次，狮子座流星雨大约7次。这是一份珍贵的天文史料，对于现在的人们对流星的研究有着重要的参考价值。

二、不断发展的
天文利器

最原始的计时器

⊙天文课堂

古人发现，太阳每天东升西落，导致房屋、树木等物体的投影也随之变化，这些影子的变化遵循一定的规律。经过长期的观察，人们还发现，在不同的季节，太阳出没的方向和正午时分的角度——正午太阳高度角也是不同的，并且存在周期性的变化。于是人们综合以上观测结果，创造发明了圭表。

古代圭表

地球绕太阳公转，导致了节气和年长的差异；地球的自传，导致了物体影子的长度和方位的变化。于是，人们利用圭表测定正午时的日影长度，并且据此来制定节令，推算回归年和阴历年。经过进一步的研究发现，古代的天文学家很好地掌握了二十四节气的圭表日影长度，人们可以依据二十四节气来调整农事活动，增加收成。

原始的圭表主要分为两部分，人们把垂直于地面，用以测量日影长度的竿子或者石柱，称作"表"。表高约八尺，也就是现在的180厘米左右。人们又将平放在地面正南正北方向，用来测定表影长度的刻板称作"圭"。原始的圭表还存在许多不足之处，比如表影的边缘很模糊，往往在靠近边缘的地方，影子的颜色已经淡得模糊不清了，很难判断影子的尽头到底在哪。影长的不精确，导致推算出来的时间也存在几个时辰的误差。另外，圭表的适用范围很狭小，月影和星影就不适用于圭表了。

远古时期，男耕女织，人们日出而作日落而息，计时也显得尤为重要，而中国的圭表是世界上最早的计时仪器，大大地影响着当时人们的生活。大概公元前7世纪，我国就开始使用圭表计时了，并且将传统的四季划分为立春、立夏、立秋和立冬。

现存在中国最早的圭表是东汉墓出土的袖珍铜圭表，它的外表十分小巧，能平放于小匣子内，启合自如，携带方便。

东汉墓出土的袖珍铜圭表

⊙趣味链接

圭表也是日晷的前身，是利用日影长度进行测量的古代天文仪器。说到圭表，就不得不提一提中国的钟表发展历史了。

中国人对时间产生意识是非常早的，中国也是最早发明和使用计时方法的国家之一。从周代开始，中国人就陆陆续续地采用圭表和铜壶滴漏来计时记更。随后的几千年里，虽然又发明过日晷等计时仪器，但原理都是大同小异的。17世纪，意大利传教士利玛窦来中国传教，带来了西方的文化，钟表也在那时传入中国。

自鸣钟

利玛窦将带来的自鸣钟贡献给皇帝，也预示着中国古老落后的计时仪器的历史将画上句号。清朝年间，收集来自西洋的珐琅钟、玩具钟以及各种打簧表成为一种潮流，连皇帝都下令专门设立钟表处用以生产钟表，圭表等计时工具也渐渐退出历史的舞台。

⊙古今评说

圭表测影是我国古代天文学上的主要观测手段之一，在春秋时期已经得到使用，并且能够推算出回归年的长度了。

相比于以前观测日出方位来判断节气，圭表测影的适用地域更为广泛。同时，圭表测影延续了古代"地中"的概念，是封建王朝帝王确定政治中心所在地的重要方式之一。随着帝王版图的扩征，它也不断得到发展，可以说它是人类征服自然力的一大表现。它不仅是中国天文计时史上的一个飞跃，也是中华民族博大精深的文化的象征。

神奇的"太阳钟"

⊙天文课堂

太阳的升落，导致了它所照射物体的影子随之移动。比如，早晨太阳从东方升起，人的影子就朝西；傍晚，太阳落下时，人的影子就朝向东。而且在早晨和傍晚，太阳的影子最长，往往日中时影子最短。古代的人们发现这一规律后，就逐渐在摸索中学会了计算时间，日晷也随之产生了。

日指的是太阳；晷指的是影子。日晷的意思，就是太阳的影子。日晷是最古老的计时工具，是人们在发明钟表以前赖以生存的计时仪器，更是人类文明的象征。

用日晷计时，最重要的一点是要有太阳的影子。日晷，在古代又称"日规"。通常，制作一个日晷需要铜制的指针——晷针；另外还需要一个石制的圆盘——晷面。每当太阳照

古代计时工具日晷

射下来，晷面上就会出现晷针的影子，影子会随着太阳的变动而向反方向运动。这和现代的钟表很相似，晷针的影子就好比是指针，晷面就像是钟表的表面。

同样是我国古代较为普遍的计时仪器，很多人分不清楚日晷和圭表的区别。其实很容易，简单来说，圭表是根据日影的长短来测定四季的，而日晷则是根据日影来判断时辰。

日晷虽然实用，在阴天、雨天或是晚上却是没有办法运行的，因此在意大利的自鸣钟和德国的机械钟传到中国以后，皇宫贵族一般就使用进口的钟表了，而一般的平民百姓大多是看天行事，因此日晷并没有马上从人们的生活中

消失。

可能你还不知道吧？课本中很多成语和俗语也来自日晷呢！比如我们熟知的"一寸光阴一寸金""一日之计在于晨，一年之计在于春，一生之计在于勤"等，都是劝诫人们要珍惜时间。

⊙趣味链接

日晷并不是只有一种形式，它有地平式日晷、赤道式日晷、子午式日晷和卯酉式日晷等。

地平式日晷的刻度不像赤道式日晷，它没有均等划分的刻度，赤道式日晷的刻度划分则十分均等，现存的北京故宫太和殿中的赤道式日晷，是古代典型的赤道式日晷；垂直式日晷将晷针做成三脚架的结构，这样能够很好地固定在墙面上，标有东南西北四个方向，分为"垂直向南日晷"、"垂直向北日晷"、"垂直向东日晷"、"垂直向西日晷"；赤道式日晷的计时精确度比地

赤道式日晷

平式日晷稍高，但是当太阳在天球赤道时，很难读到盘面上的内容。

⊙古今评说

　　"现在几点了？"这也许是我们常常问的一句话，然而在没有钟表的古代，日晷的作用就尤为突出了。日晷，永远在默默地提示，时间在往前走。这种用物体在太阳光下的投影来计时的方法是人类在天文计时领域的重大成就，这项发明虽不能堪称完美，却被人类沿用几千年之久。因此，古代的天文学家都认为，日晷不仅仅是简单的计时仪器和"未、申、酉"的时刻代表，更是古人与自然的对话。它是古代人智慧的体现。

周公测影台的诞生

⊙天文课堂

周公测影台就是周公用来测量影长的一个地点。周公名叫姬旦，是周文王姬昌的第四个儿子，生活在公元前1100年左右，也是孔子一生最崇拜的人。孔子敬仰周公，不仅因为他是儒学的奠基人，更因为他是一个智者。如果你还有所怀疑，那我们就从他的测影台开始讲起吧！周公不仅是西周初年著名的政治家、军事家，而且对天文地理也很有研究。

周公测影台

古时候的人都迷信"天圆地方"，认为天子是"天之骄子"，要坐令天下就必须找到天地的中心。那时的人们普遍认为，天上的北极星位于天的中央，是"天帝之星"，因此北极星的正下方就是地的最中央了，周公也是这样想的。由于古代没有望远镜，观察星空只能用肉眼，但他很想进一步了解北极星，于是想要在地面的中间建一座观星台。可是，怎么才能找到地的中央呢？天地那么大，显然，用尺子丈量是不切实际的。古人认为，一寸代表一千里，于是他们在全国各地测量。直到后来，周公才发现，阳城（今河南省登封东南告成镇）在夏天的投影是一尺半，是地上最中央、最接近北极星的地方，于是他就把观星台建在了那里。建造观星台是为了迁都，为了寻找一个统治者认为是"地利"的地方，后来他们征用了几十万奴隶，花了几年时间，终于竣工了。

观星台采用砖木结构，分为上下两部分，下面是呈现梯形石座，四边少于宽狭，高约1.965米，称之为"圭"，上面是一根直直的长方形石柱，高约1.956

米，称之为"表"。周公发现，夏季时，太阳照在表上的影子很短，尤其在夏至这一天，太阳直射北回归线，影子是最短的，接近没有，因而也叫"没影台"。而冬天则相反，影长相对长些，尤其是太阳直射南回归线时影长最长。每天记录下太阳的影长，利用每日日中太阳照在圭表上的影长，就可以推算春分，夏至，秋分和冬至、检验四时季节变化，这其实就是利用了"立竿见影"的原理。

古时观星台

⊙趣味链接

　　周公测影台的技术要求是非常严格而烦琐的，但精确度不高。第一是要求极其严格的水平台面，今天我们在《周官》中可以看到对它的描述；第二个重要点就是立表要树直中正；第三是时间要求严格。即使是满足了这些要求，测影台也不能完全给我们精确的测量数据。虽然我们都知道地球是圆的，而且地面凹凸不平，太阳也是斜射到地球上，但是各种因素都会影响到圭表测量的数据精确度。回归线也是一大影响因素，一般过几年，这种圭表的测量就会差到很多，不再精确。到秦汉时，测量土地技术即已经失传，两汉的经学家为商周此类的典籍作注时已是似是而非。而到今天，我们就只记得"古占圭表八尺"了！

⊙古今评说

　　周公测影台，作为我国最早的、专用土圭观测日影的天文观测仪器，它体现了古代人的智慧和对宇宙的探索之心。

　　当然，周公测影台的建立，也让其后代得到了不少启发。在后来，周公测

45

景台依然被后几代所沿用，例如唐代的石表，元代永久的观星台，以及明清以后的类似修建等，它们的形成无一不是对周公测影台的继承与发展。由此可以看出，周公测影台所体现的是古代人的智慧。

能够模拟天象的浑天仪

⊙**天文课堂**

　　你在天文馆看过模拟的天象演示吗？通过现代高科技，一些天文现象能够活灵活现地展示在我们眼前。当然，古代没有今天这样的高科技，不过在当时，中国已经有人发明了一种能够模拟天象的"先进"仪器——浑天仪。

　　浑天仪就是浑仪和浑象的总称。浑仪，是一种测量天体球面坐标的仪器，而浑象是用来演示天象的一种仪表。

　　浑仪的形状是以我们肉眼看到的天球形状模仿而成的，它由许许多多的同心圆环组成，看上去很像一个圆球，人们可以用绕中心旋转的那个窥管观察想要看的天体。当然，浑仪的作用不止这些，它还可以用来测定昏、旦和夜半中星以及天体的赤道坐标，对于天体的黄道经度和地平坐标，也可以测定。而浑象呢？它主要提供的是演示的作用——在大球上，刻画和镶上了一些有关天文的东西，比如星宿、赤道、黄道、恒隐圈、恒显圈，等等。

　　对于浑仪和浑象，它们都反映了浑天说，都诠释了"浑天说"的这一宇宙理论，因此，浑仪和浑象常常被人称为"浑天仪"，也有人称它们为浑天仪或者浑天象。

　　从史料记载中我们可以看出，浑天仪的历史悠久，对于浑天仪的发明也有各种各样的说法。不过目前

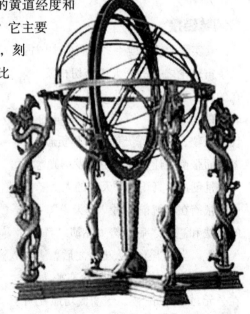

浑天仪

人们所推崇的说法是，浑天仪由东汉时期的张衡所发明制造。而有的人说西汉时候的落下闳、鲜于妄人、耿寿昌也都曾经创造过浑天仪，而后来东汉时期，贾逵、傅安这两个人在前人的基础上增加了黄道环，称为"黄道铜仪"。对于这些早期的浑天仪，它们的外形结构已经无从考证，史书也没有明确的记载，只是轻描淡写了一番。

公元323年最早记载了浑天仪"两重环铜浑仪"的基本构造和形状，是由六合仪和四游仪这两个仪器组成的。唐贞观七年，就是公元633年，李淳风又加以改造，增添了新的仪器——三辰仪，让仪器更加完美，后人称为"浑天黄道仪"。

唐朝以后的浑天仪，大致上都没有本质的变化，都是在李淳风设计的基础上加以改造。随着越来越多的浑天仪的出现，人们可以观测到的天象也越来越多，从北宋开始人们便对浑天仪的结构进行简化，而到了元代的时候，郭守敬对浑天仪进行了一次彻彻底底的改革。进入现代，浑天仪也慢慢退出了历史的舞台。

⊙趣味链接

其实浑天仪的诞生，跟我们中国古代三大宇宙理论之一的浑天说密切相关。现在的科学界中，人们大致认同了西汉时期的落下闳是"浑天说"最早的代表人物，也是浑天仪的最早贡献者，而张衡是让"浑天说"发扬光大并且创造了真正的浑天仪的人。

张衡在了解前人对"浑天说"的看法和想法之后，努力钻研"浑天说"。当他当上了太史令之后，更加勤奋刻苦，终于皇天不负有心人，在公元117年的时候，张衡成功地发明了铜铸浑天仪。

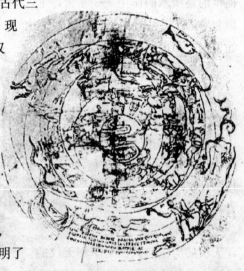

张衡绘制的灵宪图

48

在这之后，他又马不停蹄地写了《浑天仪图注》和《漏水转浑天仪注》两本关于浑天仪的书，之后又撰成《灵宪》并且绘制了《灵宪图》，第一次向世人系统地讲述了他的浑天仪和他的天文学理论。

⊙古今评说

对于张衡创造的浑天仪来说，在古代对于中国乃至全世界都是一项伟大的发明，它的出现让人们对天象有了进一步的认识和了解，而且这一创新的发明，大大推进了当时世界天文学的进一步发展。

而正因为浑天仪的出现，激发了不少人对天文学产生了浓厚的兴趣。随着各种各样的浑天仪不断问世，人们对天文学知识的不断积累，提出天文学各方面的疑问和见解，才使今天的天文学如此神秘迷人！

完美的"水运仪象台"

⊙天文课堂

当你看着手腕上戴着的手表时，你是否想过，早在手表还没有发明之前，古人是如何判断时间的？又是如何计时的呢？其实，我国早在宋朝的时候就创建了一种叫水运仪象台的天文仪器，其中的擒纵器就是钟表的关键部件。这样说来，它算是现代钟表的祖先了。

早在宋元祐元年的时候，水运仪象台便开始投入设计，大概经过了7年的时间，在元祐七年的时候，水运仪象台就完成了。它的出现，在当时中国乃至全世界是一个卓越的发明。

水运仪象台真是一个完美的"老家伙"，它高约12米，有7米的宽度，整体看上去是一个上面狭窄，下面广阔的正方形建筑物，其中大多仪器都是铜制成的，整个台可以分为三个层隔，下面的隔主要是用来报时的；中间属于间密

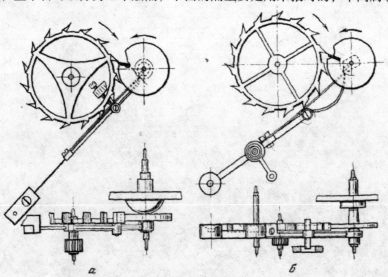

擒纵器原理图

室，是用来放置浑象的；而最上面的是一个板屋，用来放置浑仪的。

水运仪象台可以说是集大成的一个作品，它的设计理念和构思，都是广泛吸收了以前各家各派的优点，其中北宋的天文学家张思训所改进的自动报时装置，其优点在水运仪象台淋漓尽致地体现出来。水运仪象台不仅摄取了各派的优点，还加入了民间经常用到的工具的机械原理，比如水车筒车、桔槔、凸轮和天平秤杆等，都能在水运仪象台的身上看到它们的影子。这样看来，水运仪象台是把观测、演示和报时设备集中起来的一个自动化的天文台。

⊙趣味链接

水运仪象台的命运也是很坎坷的。元祐七年，由苏颂、韩公廉等人制造出如此庞大而精密的先进仪器。可是，在金国灭掉北宋王朝之后，金兵看到这个大家伙，并想要占为己有。而在运输水运仪象台前往北京的司天台的时候，发现十分不方便，一怒之下就把这个伟大的智慧结晶给丢弃了。

这是多么让人可惜啊！这台积聚了多少天文学家、物理学家的智慧，还有劳动人民的辛苦血汗，就这样遭金人抛弃了。后来的南宋政权时期，当时的人们几次试图修复这台仪器，可是都以失败告终。一直等到了20世纪90年代时，一直销声匿迹了800多年的仪器，才成功地被苏州市的天文计时仪器研究所的科研人员成功复原，让人们有幸一睹当年这个"老家伙"的风采。

复制的水运仪象台

⊙古今评说

水运仪象台的出现，在当时已经代表了中国天文仪器的最高水平。它的诞生，不仅让国内外的人们感到不可思议，还受到了整个世界的瞩目。

在当时的中国，能够根据人们的生活经验，完全利用人工设计图纸，纯手工打造这么一台庞大的精密仪器，是多么不容易啊！这台仪器的制造水平堪称一绝，充分体现了古代中国人的聪明才智和富于创造的精神。

当然，它给后人在天文学上带来的启发也是相当大的。现在，仍然有很多国内外的学者在研究这个庞大的"老家伙"，以便进一步研究它在显示时间方面的神奇功能，并希望可以在这个"老家伙"身上找到新的研究点，创造出更多更精密和完美的天文仪器。

地球仪的祖先

⊙天文课堂

一直以来，人们都对未知的宇宙充满了好奇。古时候的人们为了更好地了解日月星辰的运动规律，设计了许多巧妙的观察和测量仪器，并利用这些仪器来协助人们的生产和生活。这些仪器都是我国古代人的智慧结晶，其中天体仪就是一种我国古代用于演示天象的仪器。

天体仪，在古代被称为"浑象"。它最初是由西汉时期的古天文学家耿寿昌创造的，却没能保留下来，后来在东汉时期张衡的不断创新下，制作了"水运洪象"，造成了更大的影响。天体仪是通过演示天体运动，让人们更直观地观察日月星辰的位置变化和运动规律，可以说，天体仪是现代地球仪的祖先。

我们现在所能看到的最早期的天体仪当属安置在北京古观象馆台顶的天体仪，它于康熙八年开始制作，历经四年，于康熙十二年完成。该仪器用途有60多项，但它主要应用于换算黄道、赤道和地平三个坐标系统和演示日月星辰在天球上的位置变化等。如此，人们无论在白天还是在阴天夜晚，都可以轻松地了解到当时应当显现在天空的星星图案。

天体仪同我们所熟悉的地球仪的外观相似，最主要的部分是一个空心铜球，球面上刻有纵横交错的网格，用于量度天体的具体位置。球面上有许多凸出的小颗粒，以代表夜晚在天上的明星，严格按照星星之间的相互距离标刻。整个铜球绕一根金属轴转动，它的转动相当于一个昼夜的交替。球面与金属轴相交于两点：北天极和南天极。这两个极点固定在一个正

天体仪

立着的大圆环上，大圆环准确无误地嵌入水平大圈上的两个缺口。下方有四根雕有精美龙头的立柱支撑着整个天体仪立。

说到天体仪，我们就不得不提及东汉的著名天文学家张衡。他制作第一台自动的"水运洪象"，就是在天体仪安装了一套传动装置，以漏壶流出的水作为动力，通过齿轮传动，使空心球体每天都能均匀地绕着轴转动一周，从而能够更准确地来演示天象。

⊙趣味链接

唐朝有个著名的和尚，名一行。他还是一个天文学家，他同梁令瓒等人于唐开元十三年，在张衡"水运浑象"的基础上，合作制成了类似于现代天球仪的"水运浑天"。它除了浑象每昼夜自传一周外，更是顺着黄道每日沿行一度，每三百六十五天沿黄道行一周，每二十七天沿白道沿行一周。另外，这个"水运浑天"上还带有两个木人，每过一刻便能自动击鼓，每过一辰便能自动撞钟。

这个仪器比西方的威客钟还早了六个世纪，称得上是现代钟表的祖先，世界上最早的天文钟。

⊙古今评说

古代的天文学家通过借助天体仪等仪器观测到了天体位置的变化，确定了时间、方向和历法等。可见天文学对我们的生活有着极其重要的意义。

随着现代科学技术的多方面迅速发展，对天文学的研究有着重要的推动作用。同时，邻近学科的相互渗透，技术手段的不断进步，天文观测的每一个发展都将给我们的生活带来重要的影响。我国作为世界上天文学起步早，发展快的国家之一，希望在今后的不断努力之下，带来更多的成果，为人类天文事业再创辉煌。

登封告成观星台

⊙天文课堂

古代人勤奋研究日月星辰，主要是为了通过观察天象，掌握并利用它们运行的规律来认识四季、制定历法，最终服务于人类的生产活动。

观星台的建立，就是为了帮助古人更好地观测天象。中国最古老的观星台，位于河南省登封市的告成镇，地理位置十分优越，南

观星台模型

北依山傍水，风景秀丽。它是中国现存的最古老的天文台，也是世界上著名的天文遗址之一，由元代天文学家郭守敬创建。

观星台建造于元代忽必烈年间。大家都知道，古代社会都非常重视农耕生产，元世祖忽必烈统一中原以后，下令改革农牧业生产，令郭守敬等人负责。于是郭守敬将创立的新天文仪器推广到了全国，共设27处观测点，在全国进行天文大测量。历史上把这次测验叫做"四海测验"。郭守敬等人还利用简便而实用的天文观测仪器，测验各地的夏至日影、北极星出地高度及昼夜时刻等。经观测与推算，制订了当时世界上最先进的历法《授时历》。《授时历》旨在告诉老百姓不要错过耕作的好时节，它是我国历法史上的第四次大改革。

郭守敬认为，农业生产的根本在于有历法可依，立法的制定在于测验，而测验就在于有精良的仪表。于是在忽必烈的大力支持下，郭守敬在当时最北、最南、最东、最西的地方都设立了观测站，登封告成的观测站位于最中心。

登封告成观星台采用混合建筑结构，主要以青砖石为材质，分为台身和量天尺两个部分。

台身呈方形覆斗状，四周用水磨砖堆砌而成，还有台顶、台室、台壁共同组成，长度不一，结合了中国古代早期的建筑风格。台身四周环绕着砖石踏道和梯栏，在北边的地面上，还放置着高表、正方案、仰仪等观测仪器，远远望

量天尺

去，整个建筑的布局雄奇而壮观。站在台身上，白天可以观测日影，晚上可以观测星星，在当时算是非常先进的建筑了。

量天尺就是用来度量日影长短的石圭，表面覆盖着三十六方青石板，下面是用砖砌成的基座。为了排水的便利，石圭采用双股水道，就是在表面刻上两条水道，水道的南北端分别是长方形的注水池和泄水池，因为地面地势南高北低，所以通水以后能够全线自流，不需要人工排水，节省了很大的人力和物力。

⊙趣味链接

值得一提的是，郭守敬对历代的圭表进行了改革和创新，创造出了较之传统高出五倍的高表。元初的天文仪器都是宋金时期遗留下来的，设备已然相当落后，普遍存在"表高影虚"的缺陷。

为了克服这个难题，郭守敬在原有的基础上进行革新，后来根据针孔成像的原理，在石奎上面的两条平水渠中，设置了用以接收日影和梁影的景符，又在景符的旋转轴上嵌入了铜叶，根据太阳的高低作角度调整，就能找到太阳的倒像和表端的梁影，可以度量日影长度了。当时根据投影在石圭上的表影，所推算出来的各个节气的时间误差已经非常小了。

⊙古今评说

观星台，在古代的农耕生产上发挥了不可替代的作用，在农业为本的封建社会，它作为历法制定的先决条件之一，指导了农业生产，稳定了社会秩序，维护了朝廷的统治。

作为27处观测台中唯一保存至今的观星台，登封告成观星台不仅成为我国现存最古老、最著名的天文建筑遗址，也是世界上最杰出的观测天象的建筑遗址之一，代表了当时我国天文科学发展的卓越成就。不仅如此，古老的观星台，从建造至今已有700多年，历经沧桑，仍巍然屹立，具有重要的科学价值和历史价值。

最古老的天文台

⊙天文课堂

在古代，人们就建造了专门的建筑物，用来观察天象和对一些天文学知识的研究探索，这样的建筑物叫做天文台。

根据我国考古学家的研究统计，创建于元代至元十三年，也就是1276年的河南登封观星台，应该是中国现存的最古老的天文台了。它通过各种各样的仪器，比如浑仪、圭表、四级铜壶滴漏、天体仪、日晷、铜壶、鼓角等等，可以完成测时、守时、报时、授时这些简单的任务。在一千多年前，古人就能通过天文台所观测到的天文、气象，通过分析研究来指导人们生活和生产，由此看来，我国在当时的天文学水平已经在世界的前列，并且取得了巨大的成就。

古代天文台的主要的用途并非和今天一样为了观察天文现象，而主要是占卜星象，所以大多的天文台，都是为国家的统治者服务的。到了后来，欧洲天

河南登封观星台原址

文学的兴起，天文台才慢慢演变成为自然科学学术研究的场所。

　　现在的天文台，不仅仅在古代建造的天文台上取其精华，去其糟粕，还增加了不少最新的技术应用，比如利用物理上的光学研究成果，设计出了更加容易观察研究和精度更高的望远镜；利用无线接收设备，通过卫星和雷达之间的传播使观察到的天文现象更加直观，等等。当然，如果没有前人的天文台作为基础，今天我们也很难有更大的飞跃和突破。

⊙趣味链接

　　你知道古代的天文台曾发生过哪些趣闻吗？

　　河南登封告成镇是目前世界上进行观星测影等天文活动持续时间最长的一个地方，从公元前1060年西周国公时开始，一直到元代末年结束，整整有2400多年的时间。

　　而在这期间，以元代的天文学家郭守敬为代表的观测研究人员，经过无数次观察测量，推算出了一个回归年为365日5小时49分20秒，这个测量结果仅仅和现代测定的结果相差了26秒钟。后来，他还带领了他的团队，通过长期的观察，制定了《授时历》，比现在的公历整整早了将近300多年。这一壮举，是对天文的探索和发展做出的伟大贡献。

元代天文学家郭守敬

⊙古今评说

　　天文台的出现是世界天文学的重要组成部分，对于中国的天文学的起步和发展，也起到了关键性的作用。

　　古老的天文台能够帮助人们进行天象的观测，慢慢推测并掌握了各种天象的变化情况。通过这些天象的观测，人们把它们一一记录下来，成了一本本宝贵的天文资料。而这些宝贵的天文资料，让后人很直观地了解到了这些天象，并且可以通过这些天象很方便地采取相对应的措施和作为引导。

古老的天文台的出现，还大大推动了现代天文台的发展和进步，在前人建造的天文台基础上加以总结创新，建造出更好的天文台来观察天象和学习研究天文学的知识。

双筒望远镜的诞生

⊙ 天文课堂

一个人即使视力再好，所能看清的范围也是很有限的，一旦距离拉远，人们的眼睛便不管用了。对于这样的问题，当然不能难倒现代人类，因为我们可以借助一些工具来进行观察，比如双筒望远镜，就是我们观察远距离物体的"小助手"！

双筒望远镜简称为"双筒镜"，在我们的日常生活中，常常离不开它的身影。比如我们在观看一场球赛，或者一场演唱会的时候，就不可缺少。它的清晰度仿佛让你置身于足球球场或者演唱会舞台中。当然，天文爱好者对它更是爱不释手，因为他们可以用它来欣赏200万光年之遥的银河。虽然很多人认为，双筒镜在天文上没有什么大的作为，可事实上，双筒望远镜可是众多资深天文爱好者的"宠儿"。它是一件很实用的天文观察工具，很适于天文爱好者用来巡天和观测星云、星团、彗星等面状天体。

双筒望远镜一般都会把有关参数标注在镜身上，比如口径、放大率和视场等。其中，放大率是人们最为关心的一个指标。许多人购买双筒望远镜都会把口径和放大率作为选取的指标。一般来讲，口径越大的更适合，因为用它可以观察到更多的天体。而放大率呢？相对来讲，较高的放大率虽然可以看到更多的星体，但是这样会大大降低成像的质量，特别是对于星云，观察起来会相对比较暗，对于天文爱好者来说，这样的观察明显是很吃力的。与

双筒望远镜

天文望远镜相比，双筒望远镜因为它视场大的缘故，更适合观察面状的天体，正是因为它独特的优势，才受到不少资深天文爱好者的喜爱。

双筒望远镜采用的是折射系统，这个系统主要分为两种，分别是伽利略式和开普勒式。伽利略式相对比较简单，光能的损失也小，唯一不足的是它的放大率很有限，一般在6倍的时候效果会变差，而且产生的视场会减小，边缘会变暗，所显示出来的图像质量很低，现在已经很少应用了。另一种就是我们现在很经常见到的开普勒式双筒镜了，跟伽利略式双筒镜比较起来，它的视场大得多，而且成像也清晰，只是它所成的像是倒立的，这样很不方便让人观察，所以为了成正像，在它的光路中，人们增加了一些配件，比如棱镜、转象透镜等，这样就能很方便地观察到星辰的正像了。

⊙趣味链接

双筒望远镜是望远镜的一种。在很早之前，望远镜就在欧洲各国流传开了，意大利科学家伽利略是第一个自制出望远镜的人。与现在相比起来，当时的望远镜只能把物体放大3倍，今天看来这简直不值一提，可是在当时已经让世人大吃一惊。

意大利科学家伽利略

他继续努力，接下来的一个月之后，他制作的第二架望远镜可以放大8倍，到了第三架望远镜的时候，已经可以放大到20倍。1609年10月，他制作出了能放大30倍的望远镜。从那时候开始，他便使用自制的望远镜观察夜空。他通过望远镜，第一次发现了月球表面高低不平，覆盖着山脉并有火山口的裂痕。在此之后，他又发现了木星有4颗卫星、太阳的黑子运动。在他创造的望远镜的影响下，不少人也开始投入到了望远镜的制作行列中来。

不久，双筒望远镜就面世了。

⊙古今评说

双筒望远镜的出现，对于当时的天文爱好者来说简直就是上帝赐予他们的最好礼物。他们通过双筒望远镜，欣赏到了月球上的美景，看到了离我们200万光年之遥的银河，甚至连地球以外的一些星云也尽收眼底。

当然，双筒望远镜的出现，让后续的天文观察工具更加完美，它们在双筒望远镜身上取其精华，去其糟粕，并以双筒望远镜作为模板不断地加以创新改良，从而让一批批更加精准的观测工具诞生。所以双筒望远镜在一定程度上推动了今天观测工具的发展。

奇妙的光学镜

⊙天文课堂

　　光学镜也称光学望远镜，它可以很容易地收集可见光，并由聚焦光线放大影像，让观察者轻轻松松地观察摄影等。当然，这个工具常常被天文爱好者用于观察夜空，欣赏夜空的美景。

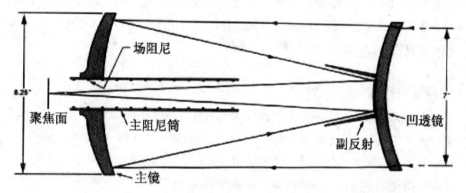

　　场阻尼

　　聚焦面　　　主阻尼筒　　　　　　　　　　凹透镜

　　　　　　　　　　　　　　　　　副反射

　　主镜

光学望远镜设计原理图

　　光学望远镜主要分为3种，它们分别是折射式望远镜、反射式望远镜、斯密特望远镜。19世纪初期的时候，折射式望远镜在天文学界有着举足轻重的地位，在重要的天体和相邻的恒星测量中，我们都能看到折射式望远镜的身影。

　　随着时代的不断发展，银河系已经无法满足了天文学家的好奇心了，他们开始探索银河系以外的星系，慢慢从整个宇宙的结构开始入手，而折射式望远镜已经没法测量如此浩瀚的工程，于是巨无霸一样的大型反射望远镜就孕育而生了。它的出现完完全全取代了先前的折射式望远镜。

　　不久之后，斯密特望远镜也诞生了，它相比前面的两种望远镜，可以拍到许多深远微暗的天体，让天文学家可以更加直观地去研究遥远的宇宙深处。在它的帮助下，更多的宇宙奥秘——展现在我们的眼前。而在21世纪，射电望远镜逐渐取代了这三种望远镜。

早在明代的时候，中国就开始了对光学镜的研究。当时著名的天文学家徐光启继承了我国传统的测天仪器，同时又结合了当时西方的技术，引进世界上刚发明不久的望远镜进行观察天象，并且取得了不小的成就。他也渐渐认识到，望远镜是进行天文观测不可缺少的工具。1629年9月8日，徐光启首次提出了"修整观象台的中国旧式仪器"这一方案，同时他也刻苦钻研，努力制造出新仪器，终于制造出我国第一台光学望远镜。

到了现代，我国依然没有停下对光学镜的研究和开发的脚步。1936年，我国第一架熊猫牌望远镜在云南光学仪器厂诞生了。随后，科研人员继续努力，不断吸取国外先进的光学镜技术，各种各样的光学镜逐渐问世，其中我们国家军方使用的望远镜98款、64款，都是出自这个云南光学仪器厂，而云南光学仪器厂也成为了我国最大的望远镜生产基地。

⊙趣味链接

在河北省兴隆县的国家天文台兴隆观测基地，建有大天区面积多目标光纤光谱天文望远镜。这标志着中国第一次在望远镜类型上占有一席之地。

大天区面积多目标光纤光谱天文望远镜在反射施密特改正镜上加以改良，采用了薄镜面主动光学和拼接镜面主动光学这两种新的技术，解决了世界上光学望远镜大视场不能同时兼备的这一个大难题。这一创举，让中国主动光学技术处于国际领先地位。而大天区面积多目标光纤光谱天文望远镜采用的并行可控式光纤定位技术，轻而易举地解决了同时观测目标的难题，在国际上也是一个飞跃性的突破。

大天区面积多目标光纤光谱天文望远镜

⊙古今评说

光学望远镜历经了几个世纪的发展，才变得像现在这么精确，才能发现掩藏在宇宙深处的秘密。光学望远镜的产生更是各个时代的天文学家的智慧结晶，是他们的不断努力与钻研，以及永不放弃的求索精神，才有了今天的成就，才让我们的宇宙视野更加广阔。

光学望远镜是所有科学家前辈智慧的结晶。或许对于我们现在来说，那么大件的物品显得有些笨重，可就是这么一件物品，耗尽了无数科学家的心血，自然应该得到我们的尊重与珍惜。不仅如此，我们还应该延续前辈们孜孜不倦的探索精神和对科学永不停息的追求，沿着探索科学的道路继续向前。

80厘米倒影测远镜

⊙ 天文课堂

你听说过测远镜吗？测远镜也被人们称为"测距机"，它的功能非常强大，可以精确地测量距离，在空中和地面目标的准确测量中，也常常能看见它的身影。在战争中，它还是部队十分重要的测量距离的装备。今天我们要介绍的是80厘米倒影测远镜。

80厘米倒影测远镜的测距范围比较广泛，300到7000米的距离，对它来说都是轻而易举的。80厘米倒影测远镜拥有双目镜结构，通常人们用右边的目镜来观察，左边的目镜来读数，根据不同情况下还会通过放大来测出距离。

当然，这么精准的仪器，仅仅拥有目镜是不够的。80厘米倒影测远镜全身上下拥有1135个零件，有29种之多的光学仪器集于一身，它的测远镜全长900毫米，重5.7千克，加上它身上的附件，一共有15千克这么重。可谓是五脏俱全，准确无比啊。

为什么80厘米倒影测远镜能对距离测得如此准呢？我们来了解一下它的原理吧。其实80厘米倒影测远镜很巧妙地

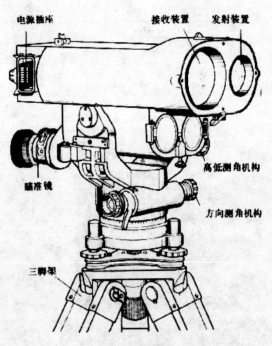

电源插座　　　　接收装置　　发射装置

瞄准镜

高低测角机构

方向测角机构

三脚架

80厘米倒影测远镜

66

把物体安排在下半个视场中，它形成的倒像刚好被安排在上半个的视场中，只要当物体和倒像的上下交面的交界处对准的时候，便可以轻轻松松地测出距离了。当然了，80厘米倒影测远镜的配备也很齐全，它拥有的规正板，可以十分简便地用来规正测距精度，它还有大小不等的三脚架，可以让使用者适用于不同的作战地形。

第一台80厘米测远镜是在1940年7月诞生的，它的诞生和蒋介石还颇有渊源。当时在瑞士专家的帮助和指导下，测远镜厂用了威特厂的成品零件组装出了第一台80厘米测远镜，并改名后送给了当时的国民政府领袖蒋介石。

1940年初，人们开始试验制作80厘米测远镜，但是由于技术有限，对五棱镜的加工毫无办法，但对于80厘米测远镜来讲，五棱镜却是关键，需要角度公差很小而且精度极高的五棱镜。在瑞士专家的指导下，人们用散装的进口零件进行实验组装，在4个月的失败中总结经验，终于攻破了难关，一台台80厘米测远镜也接二连三的面世了。面试后的80厘米测远镜也转变成了战争必备的装备，不少炮兵、步兵和防空部队都需要它，帮助他们观察目标和测量距离。

⊙趣味链接

我们来讲讲80厘米测远镜制作的故事吧！1944年，国民政府兵工署令当时的五十三工厂仿制法国和美国的瞄准镜，配套到当时工厂生产的迫击炮上。可是对于公制英制单位的不同很难统一，还有美法两国瞄准镜上的漏洞和不足也不少。工厂别出心裁地提出干脆设计一种适用于各式迫击炮的瞄准镜，没想到这一提议得到了当时兵工署的支持。人们经过几年的努力，在失败中总结经验，通过成千上万的零件进行组装实验，在1940年成功地制造出了80厘米测远镜，而之后，80厘米测远镜开始投入大量生产，在一定程度上增加了我国的国防实力。

⊙古今评说

80厘米测远镜制造成功，在当时大大增加了中国的战斗力，作战部队可以根据测远镜，轻而易举地测出距离，锁定目标。

80厘米测远镜的出现，也向世人证明了当时的中国已经具备了生产较精密光学器材的能力，为后来中国制造精密光学器材奠定了基础和信心。在80厘米测远镜制造成功之后，中国自主研发和制造了多种精密的光学仪器，对中国天文学和军事科技的发展起到了促进作用。

观测太阳的"宝贝"

⊙**天文课堂**

太阳已经被我们所熟知了，可是你知道专门用来观测太阳的太阳望远镜吗？

太阳望远镜真是观测太阳的"宝贝"啊！它也分为好几类呢，像真空太阳望远镜、多通道太阳望远镜、空间太阳望远镜等。太阳望远镜的神奇之处在于让我们的视野更加开阔，并且见识到美妙的太空奇景。另外，太阳望远镜在科技、军事、经济建设以及生活领域中，同样有着广泛的应用。因此人们给予太阳望远镜以"千里眼"的美誉。那么，太阳望远镜是怎样发明出来的呢？现在就让我们追溯历史，去寻觅太阳望远镜在发展进程中留下的足迹吧！

不同于其他天文望远镜的是，太阳望远镜如果想获取最佳的衍射极限，就需要有足够大的口径，但太阳望远镜不用考虑远镜的集光力。因为太阳望远镜是在白天工作，而且目标是非常明亮的太阳，并因为视宁度受到大气层的影响远远要比夜间严重，所以这些望远镜的物镜口径都在1米以下，有的还甚至比这个更小。

那么太阳望远镜是根据什么依据来设计的呢？我们都知道，太阳就像个大火球，聚焦的太阳光制造出的热量是我们没法想象的，对于望远镜来讲，这就是一个必须攻破的难题，而太阳望远镜非常巧妙地解决了这个难题。它使用很长的焦距，而且为了减少大气对望远镜

太阳望远镜

内部的影响，一般会选择通过真空的光路。这大概就是我们看到的太阳望远镜都是那么巨大的原因吧！

它们对太阳观测形成的影像会以狭窄而固定的路径越过天空，一般太阳望远镜都是固定在一个地方，特殊的会掩盖在地下。当然，太阳望远镜还是会配置不同的照相机等专业观测太阳的工具，比如光谱仪和太阳单色光观测镜，在观测太阳的时候都是缺不了它们的。

⊙趣味链接

近几年，随着科技日新月异地发展，中国也加入了自主研制空间太阳望远镜的行列中来。

经过科研人员的不断研究奋斗，中国研制出了第一台空间太阳望远镜，并把它命名为"哈勃太阳望远镜"。这真是一个振奋人心的消息啊！2008年，这台我国自主研制的太阳望远镜成功发射到了太空，在太空中

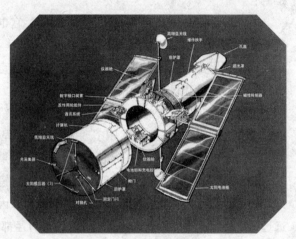

哈勃太阳望远镜结构示意图

完成了它的主要任务：研究太阳磁场、太阳大气的精细组成和太阳耀斑，并向人们提供太阳活动预报。

当然，随着太阳望远镜的成功升空，加上已有的先进的观测技术，我国将在不久的将来就能加入到世界天文发展的前列，建成一个从地面延伸到太空的太阳电磁辐射观测网。

⊙古今评说

太阳望远镜的诞生，让人们对太阳有进一步的了解和认识，人们可以通过太阳望远镜提供的影像和数据，提前了解到太阳的活动，这对我们的日常生活

都有巨大的帮助。从20世纪60年代至今，人们借助太阳望远镜，通过观测太阳和太阳的轨道，大致了解了太阳的结构、化学成分、黑子周期、太阳耀斑和太阳质子等，人们还通过监测太阳发出的射线，取得了一些惊人的发现。

不仅这样，太阳望远镜的诞生，大大促进了世界天文学的发展，攻克了制造它时遇到的问题，这为今后制造更多高性能太阳望远镜打下了基础。

射电望远镜

⊙天文课堂

　　古今中外一直都有着关于外星人的遐想，各种影视作品里也有许多演绎。虽然一直以来很多人都声称他们目击过外星人造访地球，甚至还和外星人有过"亲密的接触"，但是就人类目前的科学设备而言，还是无法探索到外星人的存在。

　　当然，我们也完全不用气馁，因为只要我们与外星人建立无线电信号连接，就可以和他们进行各种交流了。而在这个过程中，射电望远镜可以给人类很大的帮助。如果我们拥有一台足够巨大的射电望远镜，并且将它对准外星人所在的星球，那么我们就能够探测到外星人的电视信号。不过，这一切的前提是外星人真的存在，并且和我们一样喜欢看电视！

　　射电望远镜能够轻易地探测到来自遥远宇宙的射电波，它的基本原理和光学反射望远镜相似，就是将投射来的电磁波反射到公共焦点，在聚焦的射电波到达一定的功率电平后，被接收器所检测，然后将其传送至控制室，进行进一步的记录和处理。记录结果为许多弯弯曲曲的曲线，天文学家通过分析这些曲线可以得到从天体里传递过来的宇宙信息。

　　由于用旋转抛物面作为镜面，更容易实现聚焦，因此射电望远镜的天线大多是抛物面。另外，射电望远镜在外形方面也各有不同，有固定单一口径的球面射电望远镜，有能够全方位转动的类似卫星接收天线的射电望远镜，还

射电望远镜

有金属杆制成的射电望远镜等。

在研究射电望远镜的行列中，中国并没有落后于世界的脚步。2012年3月，我国自主研发的65米口径可转动射电天文望远镜工程，在上海市佘山脚下开始了紧张的施工。早在2008年10月底，中国科学院和上海市人民政府就签订了这个重大合作项目，并且在2012年10月28日正式启动。我国自主研制的这个65米口径可转动射电天文望远镜，是亚洲最大的该类型的射电望远镜，中国也因此晋升到拥有国际先进射电望远镜国家的行列中来。

这台65米口径可转动射电天文望远镜，就像一只灵敏的"大耳朵"，能够仔细辨别出宇宙的射电信号，就算100多亿光年以外的天体也逃不过它的"法耳"。它也是目前我国口径最大、波段最全的高性能射电望远镜。它的总体性能仅仅次于美国、德国和意大利的射电望远镜，对于我国的探月工程及各项深空探测活动，有着十分重大的意义。

⊙趣味链接

在我国贵州平塘县的一个偏僻的山沟里，有一座口径达到500米的射电望远镜正在紧张的施工之中。这座正在建设的射电望远镜于2008年12月底正式施工，它的占地面积相当于30个足球场大小，是目前世界上最大单口径的射电望远镜。它还有一个十分霸气的名字，叫做"天眼"。巨大的"天眼"被高耸的山峰包围着，几乎占据了整个山谷，远远看去就像是一口巨大的铁锅呈现在人们面前，深度超过500米，已经建成的"大灶台"的水平面积接近20万平方米，真是一个名副其实的"巨无霸"啊！

"天眼"的建设，综合体现了我国的高技术创新能力，代表了我国天文科学领域的先进水平。同时，这座射电望远镜也将开创建造巨型射电望远镜的新模式，在未来的20年

世界上最大单口径的射电望远镜

至30年内都将保持着世界领先地位，成为举世瞩目的宏伟科学景观。

⊙古今评说

　　射电天文学是第二次世界大战前后才发展起来的。目前，中国的射电望远镜的研发与制造正处于起步阶段。如今，我国拥有亚洲最大的65米口径可转动射电望远镜和世界最大的单口径射电望远镜，不仅表明了国家对天文学的重视，也预示着天文学黄金时代的到来。在不久的未来，中国还将在新疆建设110米射电望远镜，更加积极地参与国际天文领域的交流与合作，以不断创新、不断超越的探索精神，为世界天文事业做出更大的贡献。

从观象到射电望远镜

三、灿如繁星的天文学著作

天文之妙，冠绝一代

⊙天文课堂

　　《灵宪》是东汉著名天文学家张衡在多年实践的基础上，加上丰富的理论知识写出的天文学著作。除此之外，张衡还是东汉中期浑天说的代表人物之一，他指出月球本身并不发光，月光其实是反射的太阳光；他还正确地解释了月食的成因，并且认识到宇宙的无限性和行星运动的快慢与距离地球远近的关系，为中国天文学研究做出了巨大的贡献。

　　张衡不仅仅是天文学家，在数学、科技、地理和文学方面也颇具造诣，可以说是一名大才子。他一生著作众多，而《灵宪》原文被《后汉书·天文志》刘昭所征引而传世。

东汉天文学家张衡著《灵宪》

　　再来说说《灵宪》的内容，这可是震惊了整个世界啊！这本书中，张衡提出了他的观点，那就是天地万物都是从原始的混沌未分的元气发展而来的。而这种天体演化的思想，从今天看来，它是从物质运动的本身出发的，认为宇宙结构不是一成不变，而是在不断变化的。而这个观点，恰恰和今天的宇宙演化论不谋而合。

　　此外，《灵宪》还向世人阐述了宇宙的起源、宇宙的无限性和天地结构等问题；而且解释了月食问题和五星运动的问题；当然，这本书还介绍了测日和月的平均角直径值的方式……从这些内容当中我们可以看到，张衡的很多学说都与当代的唯物辩证法不谋而合，对后世有极大的实用价值，难怪梁代刘昭赞颂《灵宪》是"天文之妙，冠绝一代"。

⊙趣味链接

我们都知道，世界上没有完美的事物，就算是《灵宪》这样杰出的天文学著作，也存在一些错误和瑕疵。

比如书中经常会提到种种浮夸的占星术思想，这可能是由于张衡生活的时代背景所导致，书中还有一些迷信思想，比如书中把嫦娥奔月的神话当作事实记载在内，甚至说嫦娥入月后化成了蟾蜍，这种说法在当代人看来无疑是荒谬绝伦的；不仅如此，张衡还继承传统，将星体运行方向分为顺行、留和逆行。

即使这些观点在今天看来是错误的，但张衡试图追索天体运动力学原因的探求方向却无疑是正确的。

⊙古今评说

《灵宪》是我国古代天文学发展到一定辉煌阶段的一个里程碑，书中流露出不少几百年后人们的先进思想，比如联系的观点、发展的观点和辩证唯物主义哲学。书中阐述了天地的生成、宇宙的演化、天地的结构、日月星辰的本质及其运动等诸多重大课题，将我国古代的天文学水平提升到了一个前所未有的新阶段，使我国当时的天文学研究远胜于其他国家的，居世界领先水平，并对后世产生了深远的影响。

现在的我们是何其的幸福，站在巨人的肩膀上，天上的繁星已不是天空的点缀，而是一颗颗未知的生命，我们只有继承前人的精华，才能走得更远更好。而张衡在那个人们普遍迷信的时代写下这本解释天文奥秘的文献，无疑是值得敬佩的，因为只有打破迷茫无知，方可获得新知。

历史上首部传世历法

⊙天文课堂

早在2000多年前，西汉的先人们还在沿用秦朝时传下来的时间计算方法，那个时候一年只有十个月，每年的十月份就是一年的第一个月，那时的人们到了十月份就可以庆祝新年了。可是那时候用这样的日历很不方便，于是到了汉武帝的时候，他就叫了很多人来编写新的历法。有一个叫邓平的人在众多的参与者中脱颖而出，他编写的《太初历》把一年分成了十二个月和二十四个节气，成为了历史上第一部有完整资料的传世历法。

到了西汉末年的时候，出现了一个叫做刘歆的人。他是当时一位很著名的学者，作为古文经学的真正开创者，他不仅在儒学上很有造诣，而且在校勘学、天文历法学、史学、诗等方面都堪称大家，连圆周率都被他算到了3.15左右呢。他引用了邓平写的《太初历》作为基础，再根据汉武帝时的儒学大师董仲舒提出的关于天道循环的"三统说"思想，创造出了一种更加完整的历法，取名为《三统历》。

邓平编写《太初历》

《三统历》不仅很系统详细地阐述了邓平写的《太初历》中提出的"八十一分法"，而且还补充和扩展了许多很简略的天文知识，对一些从上古流传下来的天文文献资料也进行了十分详细的考证，同时也成为了《汉书·律历志》历法部分的蓝本。

《三统历》的具体内容有关于制造历法的一些理论知识，以及对于二十四节气，朔望（每月的初一称为朔，十五称为望），月食现象等的日期的计算方法以及计算一些基本恒星（如太阳）的距离等。这本历法大致包含了现代使用的天文年历的基本内容，因而被人们认为是世界上最早的天文年历的雏形。

作为中国历史上第一部记载完整的历法书，它在西汉绥和二年的时候才开始在全国实施，一直到了东汉章帝元和二年的时候才被另一种更加完整的《四分历》所取代。但是总而言之，《三统历》对我们后世的历法产生了很大影响。

⊙趣味链接

《太初历》判定"闰"的方法是先算出闰余，闰余就是我们一年的冬至到次年一月的天数的十九分之几分。二十四节气的名称以及顺序也和《淮南子·天文训》里面记载的相同。而且把从冬至开始的单数次的节气，比如大

	节 气 名	立 春 （正月节）	雨 水 （正月中）	惊 蛰 （二月节）	春 分 （二月中）	清 明 （三月节）	谷 雨 （三月中）
春季	节气日期	2月 4或5日	2月 19或20日	3月 5或6日	3月 20或21日	4月 4或5日	4月 20或21日
	太阳到达黄经	315°	330°	345°	0°	15°	30°
	节 气 名	立 夏 （四月节）	小 满 （四月中）	芒 种 （五月节）	夏 至 （五月中）	小 暑 （六月节）	大 暑 （六月中）
夏季	节气日期	5月 5或6日	5月 21或22日	6月 5或6日	6月 21或22日	7月 7或8日	7月 23或24日
	太阳到达黄经	45°	60°	75°	90°	105°	120°
	节 气 名	立 秋 （七月节）	处 暑 （七月中）	白 露 （八月节）	秋 分 （八月中）	寒 露 （九月节）	霜 降 （九月中）
秋季	节气日期	8月 7或8日	8月 23或24日	9月 7或8日	9月 23或24日	10月 8或9日	10月 23或24日
	太阳到达黄经	135°	150°	165°	180°	195°	210°
	节 气 名	立 冬 （十月节）	小 雪 （十月中）	大 雪 （十一月节）	冬 至 （十一月中）	小 寒 （十二月节）	大 寒 （十二月中）
冬季	节气日期	11月 7或8日	11月 22或23日	12月 7或8日	12月 21或22日	1月 5或6日	1月 20或21日
	太阳到达黄经	225°	240°	255°	270°	285°	300°

二十四节气表

寒、雨水等称为中气；双数次的节气，比如小寒、立春等称为节气。但在刘歆写的《三统历谱》中，却把雨水和惊蛰两个节气次序颠倒了过来，清明和谷雨两个节气的次序也被颠倒，而其他的节气的次序没有发生改变。

西汉时期的那些士大夫们大都会利用经书来粉饰各种制度。刘歆当然也不例外，他为了支持王莽的"托古改制"，也特意用《易经·系辞传》来解释《太初历》中的天文数据。这样假借经书传记来溜须拍马，也使得天文学染上神秘的色彩，开了2000多年来术数学家走向歧途的先例，和科学背道而驰，确实很可惜。

⊙古今评说

《太初历》的制定是凭着天文观测记录为根据的，也是和当时的生产劳动实践相结合起来的，它的内容比过去使用的《颛顼历》丰富得多。而《三统历》中所叙述历法的天文数据和运算推步方法，也都是合乎科学的，成为后世历法的范例。

总的来说，《三统历》是一本积淀了我国古代劳动人民的智慧的历法著作，为我们后世的人们使用历法奠定了扎实的基础。

天文中的"史记"

⊙天文课堂

古时人们为了认识星星、研究天体，很早就人为地把星空分成若干个区域，并把它们称为"星官"。中国古代把天空分为三垣二十八宿，最早的完整文字记录被记在《史记·天官书》中。

《天官书》在《史记》第27卷。司马迁所著《史记》共有书8篇，《天官书》是其中的第五篇，专门记载天文学知识、天象、天文事件和星占。这种体裁是司马迁首创的，成了以后历代撰写天文志的先河。它总结了汉代以前中国古代的天文学知识，堪称汉代一部系统的天文学大成。《天官书》用较大的篇幅建立了中国历史上第一个完整的星座体系，即"五宫二"。

我国的恒星命名系统大约形成于公元270年，三国时代吴国的太史令陈卓编成了一本包含283个星官、共1464颗恒星的星表。其中很多都是用封建王朝帝王将相的官名来命名的。

《天官书》的内容大体可分作七章：第一章为经星，分作五宫记述了三垣二十八宿等恒星；第二章为五纬，记载了木、火、土、金、水五大行星；第三章为二曜，记载了日与月；第四章为异星；第五章为云气；第六章为候岁；第七章则是总论。

它的前两章是记述的重点。第三

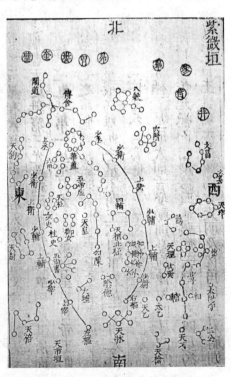

史记·天官书第五卷二七

81

章对太阳、月亮的记述最为简略，关于"日"只讲了晕、虹与食，而且偏重于占卜方面。而关于太阳的其他天文知识，比如运行失常、黑子、日珥、光斑、色变、"乍三乍五"等，都没有记载，对月亮的记述同样也有许多应该记录却没有记录的地方。清朝的王元启解释说："《天官书》前无所承，史公首创为之，不能如后代测验之详，故约举大纲以存占候之旧。"第七章的第一句用了"太史公曰"的字样，随后从"自初生民以来"，历述各个历史时期的天官、天文现象与占验等事件，按《史记》"书"体的惯例，这些内容应该是要被放在篇首的，所以有人认为是由于错简被移到了书的末尾。

⊙趣味链接

其实，所谓的"三垣"，就是北天极附近的三个区域，指的是紫微垣、太微垣、天市垣。垣的划分并不是十分严格明确的，紫微垣大致包括小熊座、天龙座、鹿豹座、仙王座、仙后座、大熊座、牧夫座、猎犬座、御夫座等。太微垣则相当于以下几个星座的区域：狮子座、后发座、室女座、猎犬座、大熊座、小狮座等。天市垣则相对更近夏秋的银河区域，即包括了蛇夫座、巨蛇座、盾牌座、天鹰座、武仙座、北冕座等等。而二十八宿则分成了四大星区，叫做四象，都是用动物的名字来命名的。

在古代，二十八宿在我国民间流传很广，汉代曾有天文学家形容为："苍龙

三垣

连蜷于左、白虎猛踞于右，朱雀奋飞于前，灵龟圈首于后。"实际上，这是描述了我国中原地区初春季节黄昏不久后的天象。当然，二十八宿中最大的为井宿，赤经跨度约有33度左右，而最小的觜宿和鬼宿，只有2～4度。

⊙古今评说

《史记·天官书》是我国传世的最早的天文学百科全书，是世界上罕见的天文学史文献，也是司马迁著《史记》以"究天人之际"思想最集中、最具体的体现，对考察中国上古时代天文学史、思想史、文化史等具有重要价值。《天官书》文字古奥，专业性强，号称"天书"，今人研究成果较少。因此，对历代《天官书》天文学和星占学方面的研究情况予以梳理，很有意义。

当然，《史记·天官书》也大大促进了我国现代天文学的发展，它的出现让不少青少年开始知道天文并尝试去了解天文，不少天文学家就是在它的启发下，开始了一系列天文学的研究。

名震中外的经典之作

☉天文课堂

如今，天文学越来越受到人们的关注。对于那些喜欢天文的朋友来说，有一本中外闻名的天文著作不得不提，它就是《石氏星经》。

《石氏星经》在西汉以前，都被人们叫做《天文》，它是由战国时期魏国的天文学家、占星家石申夫所著的，这也是《石氏星经》书名的来源。到了汉代魏代之后，石氏学派对《石氏星经》进行了一些添加补充。

《石氏星经》共有八卷，但由于时间久远，原作已经失传，今天我们看到的《石氏星经》，只是从唐代的天文学书籍《开元占经》里见到《石氏星经》的一些片断的摘录，其中内容涉及五星运动、交蚀和恒星等许多方面。

从《开元占经》一书中我们不难看出，书中记载的最重要的内容，就是被石申标注为"石氏曰"的121颗恒星的坐标位置。它被誉为是世界上第二古老的星表，虽然它晚于世人众所周知的巴比伦星表，却早于希腊天文学家伊巴谷测编的欧洲第一个恒星表一百多年。而现代天文学家通过对不同时代天象的计算证明，大部分坐标值与战国时期所测基本吻合，这也说明我国天文学历史悠久、源远流长。

《石氏星经》具有巨大的学术价值和实用价值，因为书中记载了121颗恒星的坐标位置。不过，这部书后来被人认为是由汉甘公与石申夫一起编写的，所以自从宋代之后，人们又称它为《甘石星经》。但是在那个时候，这本书已经渗入大量后代天文学内容，而且书中出现

石氏星经

了唐代的地名，还有从未记载过的星官，比如巫咸这一家的星官。由此看来，这本书已经不再是单纯的战国时期天文著作，它与战国和两汉时代所流传的《石氏星经》完全不同，所以它的史料价值依然有待考证。

⊙ 趣味链接

三国时期，吴太史命令他的手下陈卓，总结石氏、甘氏、巫咸这三家星官的成果，取其精华，去其糟粕，集百家之所长，重新编成了283官、1464星的星座体系，形成了一本综合三家星官的占星著作，在当时，这已经是一个了不起的成就。在当时的民间，这本书被称为《星经》或者《通占大象历星经》。

不过，到了宋代以后，它又被称为《甘石星经》。如果仔细查看，我们可以发现，书中有巫咸这一家的星官，而且还涉及唐代不少地名，这完完全全就是另外一本书了。因此，它与战国、两汉时代所流传的《石氏星经》已非同一本书了。

⊙ 古今评说

《石氏星经》是现知世界上最古老的星表之一。春秋战国时期，随着生产的发展，天文学也有很多成就，因此书中记载了系统观察金、木、水、火、土五大行星的运行的成果，对五大行星出没的规律也有所描述。书中还记录了800颗恒星的名字，测定了121颗恒星的方位；为800多个恒星命了名，并划分其星官，其体系对后世发展颇有深远影响。因为石申夫发现了日食、月食是天体相互掩食的现象，故为纪念石申夫之发现，月球上有一座环形山以其姓名命名。

《石氏星经》写于一个科技落后的时代，当时人普遍认为天上居住的是神民，我们不难看出石申夫对于科学的不懈追求和对真理的坚持发现，他的著作给那个蒙昧的时代打开了一扇天窗。

最古老的恒星表

⊙天文课堂

　　《甘石星经》是战国时期的楚国人甘德和魏国人石申夫在长期观测天文天象的基础上创作而成的。甘德和石申夫各写出了一部天文学著作，分别为《天文星占》和《石氏星经》，后人把这两本著作合二为一，才成就了我们今天所知道的《甘石星经》。除此之外，书中还记载了木星、土星、金星、水星和火星等五大行星的运行情况，具有极其重要的学术研究价值。

　　《甘石星经》又名《甘石星表》，是世界上最古老的恒星表，为什么这样说呢？

　　因为总览世界天文学史，我们会惊喜地发现，此书要比公元前2世纪编著的欧洲第一个恒星表还早二百多年。

　　在那个蒙昧的时代，甘德和石申夫为了掌握行星的运行规律，曾系统地观察记录了五大行星的运行，并且记录了800个恒星的名字，其中测定了121颗恒星的方位。正因为如此，后世许多天文学家在测量日、月、行星的位置和运动时都会用到《甘石星经》中的数据。

　　为什么天文学在春秋战国时期硕果累累呢？原因是在那个时期，生产力有了初步的发展，人们的衣食暂时得到保障，不再像从前那样为生存奔波的人们开始有闲暇去研究天文学，使天文学科获得很大的发展。在《晋书·天文志上》上有这样的记载："鲁有梓慎，晋有卜偃，郑有裨灶，宋有子韦，齐有甘德，楚有唐昧，赵有尹皋，魏有石申夫皆掌著天文，各论图经。"这句话很

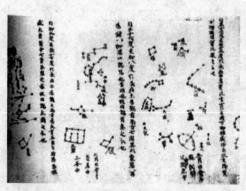

甘石星经

清楚地表达了甘德和石申夫在那时候各自的研究情况，所以说那个时代的成就大大推动了当时中国古代的天文学发展，一点也不为过。

⊙趣味链接

从古至今，人们对于任何一件事物都会提出质疑，就算是称奉为经典的《甘石星经》也不例外。民间对于《甘石星经》是否为战国时期所著，就提出了很多疑点。其中，有一部分人认为，当时甘、石两人的原著都已经不见踪迹，人们要了解这本书，都得查阅其他书籍，因此现在收入《汉魏丛书》等书中的《甘石星经》部分文字，并不是甘德和石申夫他们亲自编纂的，而是后人的伪托。

其实最有效鉴别的方法就是把甘德与石申夫的原著与现今《甘石星经》的传本加以比较。虽然甘、石原著都已散落在历史的烟尘中，但《史记·天官书》、《汉书·天文志》，以及《后汉书·天文志》还保留了少量却精确的资料，成为证实甘德和石申夫原著的重要依据。

⊙古今评说

在灿若星河的天文学著作中，《甘石星经》无疑是一本非常优秀的书，书中详细记载了五星之运行情况，以及它们的出没规律，并有用肉眼记录木卫二的运行状况，还有数不胜数的发展前人、启迪后人的发现。

当然，不仅仅在古代，也不仅仅在中国，即使到了今天，依然还有很多国外天文学家都把《甘石星经》作为至尊宝典，对它进行钻研学习。因此，我们可以骄傲地说，《甘石星经》在我国和世界天文学史上都占有非常重要的地位。

争相传唱的歌谣

⊙天文课堂

　　《步天歌》首次出现在人们的视线中，是在北宋时期，不过后世的学者都一致认为，唐代的王希明才是《步天歌》的作者。

　　王希明号丹元子，因此《步天歌》也被人们称为《丹元子步天歌》。不过这本书在民间的争议很大，比如郑樵就在他的

丹元子步天歌

《通志·天文略》一书中这样说道："《步天歌》本来应该是隋代隐者丹元子的作品，而王希明仅仅不过是根据《汉书·天文志》、《晋书·天文志》这几本书作为参考，在《步天歌》添上一些备注罢了。"但是这种说法没有得到世人的信服，人们还是相信，王希明就是《步天歌》的作者。

　　《步天歌》只有一卷，它通过诗歌的形式，生动形象地向我们介绍了全天星官。它的出现，对后人影响深远。道教一直以来就有"夜观星象"的传统，而《步天歌》也遵循了这个传统。这本书把整个天空分成三垣二十八宿，一共31个天区，每区包含多少不等的星官和星数。在古代的时候，这样的划分方法算是天文学著作中的一个首创。

　　而相比于唐初李淳风所写的《晋书·天文志》、《隋书·天文志》等书，《步天歌》的分法完全不同。根据史书记载，在宋代之后，不少天文著作都开始效仿《步天歌》，沿用了此种分法。这也是《步天歌》不是隋代作品的一个

有力证明。

当然，这本书向我们介绍了各个星官的名称、星数和位置，有时还记有标志甘氏星官或巫咸星官的颜色，从角宿至轸宿，然后为太微、紫微与天市垣，介绍每区包含星官共283个，描述恒星数目，共1645颗。

在后代史学家的眼中，《步天歌》绝对是超乎人类想象的精品。虽然郑樵质疑过《步天歌》的来源，但是在《通志·天文略》一书中，他还是忍不住称赞道："句中有图，言下见象，或丰或约，无全无失。"意思是说，这本书的每一个句子都描述得十分生动，读后感觉身临其境。不少人都觉得《步天歌》的内容通俗易懂，所以它也成为了民间争相传唱的歌谣。

⊙趣味链接

《步天歌》在不同时代都影响着人们。最早记载它的史书，应该是南宋的郑樵《通志·天文略》，但是当时的中国，占卜学是为统治者服务的，所以民间很难知道关于《步天歌》的秘密。我们今天从《通志·天文略》一书的附言中可以看到，这是占卜星术家共同的秘密，而这个秘密到了明代中后期，民间中少数人已经开始知道《步天歌》的存在了。

康熙年间，清朝的学子梅文鼎通过和西方星图进行对照，删减了《步天歌》中的一些内容，又加上了他本人根据《崇祯历书》所记载的一些内容，合成了新的一本《西步天歌》的书，从那之后《步天歌》开始进入了人们的视野。《步天歌》在10世纪时已经传入了其他国家，19世纪的时候，韩国的李俊养就根据它写了一本《新法步天歌》，近代的道家学子玉溪，也根据《灵台仪象志》的内容改编了《步天歌》。

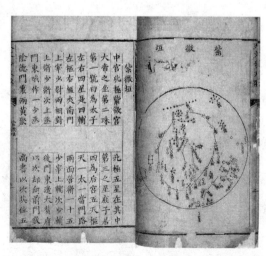

《步天歌》内文

⊙古今评说

《步天歌》一书中，主要记载了两汉时期之后的星象，不过主要都是靠人们的抄写流传下来的，而且行文过于简单，导致书中的枝枝叶叶缺损较多，所以也存在着很多差错漏洞。

但是，《步天歌》的出现大大促进了中国天文学的发展，它被人们誉为徜徉苍穹天庭的导游者，是研习古代天文的必读书，也是中国古今天文学史上的里程碑。它促进了中国与其他国家的文化交流，展现了中国博大精深的文化瑰宝。

古代最优秀的历法

⊙**天文课堂**

　　中国是世界上历法发明最早的国家之一，也一直是处于领先地位的。相传，我国的第一部历法是黄帝首创的，在春秋时期可能已施行在十九个年中插入七个闰月的历法，春秋末期，又诞生了具有历史意义的科学历法——四分历。在此之后，汉代有过对四分历的第一次改革，称该新历法为《太初历》，是我国有完整资料记载的第一部历法。此后也有其他修改，如《乾象历》、《大明历》、《大衍历》等，但是各个历法所沿用的时间都不长久。只有元代郭守敬、许衡等人编制的《授时历》延用时间最长，也足以见得《授时历》的严密程度。

　　《授时历》是公元1281年实施的历法，因古语"敬授民时"而名，原著和史书上均称之为《授时历经》。它是由王恂、郭守敬等共同修订，而由郭守敬写成定稿，因此，一般都认为郭守敬是《授时历》的作者。

　　郭守敬和其他天文学家们艰苦奋斗、坚持不懈地研究计算了四年，并解决了黄道坐标和赤道坐标数值之间的换算，以及由于太阳运行速度不均匀造成的历法不准确的问题。另外，它也有着许多革新内容，例如它以365.3435日为一年，正式废除之前历史上使用的上元积年，而截取近世任意一年为历元。所定数据皆凭实测，打破古来制历的习惯，是集古代历法之大成者，用郭守敬的话而言，就是"考正者七事，创法者五事"。

授时历

91

而所谓的"考正者七事，创法者五事"，具体如下：

考正者七事：测定了当时的冬至时间；回归年长度及岁差常数；冬至日太阳的位置，并认为太阳在冬至点速度最高，在夏至点速度最低；月亮过近地点时刻；冬至前月亮过升交点的时刻；二十八宿的赤道坐标；元大都日出日没时刻及昼夜时间长短。

创法者五事：测定了太阳在黄赤道上的运行速度；测定了月亮在白道上的运行速度；从太阳的黄道经度推算出赤道经度；从太阳的黄道纬度推算出赤道纬度；测定了月道和赤道交点的位置。

⊙趣味链接

经过郭守敬、王恂等人的努力，这部新的历法在1280年编著完成。但不幸的是，该历法颁布不久，王恂就病逝了。那时候，相关的计算结论都还只是一堆草稿，并且几个主要参加编写的人不是退休就是病死，于是最后的整理定稿都是由郭守敬一手整理的。待成稿又是在两年以后了。郭守敬的敬业和耐力是值得我们学习的。

在今后的几年时间里，郭守敬始终坚持着的天文观察，并陆续地把自己几十年来制造的天文仪器、观测经验和结果等编写成了书，达百余卷之多。但是当时的元世祖尽管支持了修改历法的工作，却不愿让真正的科学知识流传到民间，他把郭守敬的天文著作全部锁在了皇宫之中，使得那些宝贵的知识没能很好地传递下来，令人痛惜。

⊙古今评说

《授时历》是我国古代最优秀的历法，也是古代延用时间最长的历法，从元代颁布开始一直经历了360多年。它在编制后不久，就随着航海业的大兴，传播到了日本、朝鲜、越南，并被采用。近年来，世界各地也对《授时历》产生了浓厚的兴趣，并组织了翻译的工作。而在《授时历》编制过程中，郭守敬等人所创立的"三差内插公式"和"球面三角公式"，在计算方法上有着很大的创新，在数学研究上也有着重要的意义。

颇具影响的"大明历"

⊙天文课堂

当大家在计算圆的周长和面积时，一定会需要用到一个无理数——π。而π除了数值计算以外，它本身的性质一直都吸引着数学家们的不断探索。从古到今，一代代的数学家们为这个神秘的数付出了时间与心血。而在中国，说到π就不得不说我国古代著名的数学家祖冲之。在祖冲之身为数学家的巨大光辉下，他在其他方面的卓越成就却经常被人们忽视。其中，祖冲之在中国历法上的突出贡献，就集中体现在他编制的《大明历》上。

祖冲之对待学术研究的态度是极其严谨的。他重视古人的研究成果，却也绝对不盲目跟从。就像他自己说的："决不虚推古人，而要搜练古今。"在当时，人们使用的历法是另一位天文学家何承天编制的《元嘉历》，但祖冲之经过对它长时间的观察计算后觉得，该历法还不够精确。于是，他便着手制定新的历法。

《大明历》也称"甲子元历"，采用新的朔望月长度为29.5309日，仅仅与现代天文手段获得的数据相差不到一秒钟。另外，他提出了在391年间插入144个闰月的新闰周，可以求算出回归年（也就是两年冬至点的

我国古代著名数学家祖冲之

93

时间）为365.2428日，并区分了回归年和恒星年，在中国历法上首次引入岁差的概念。所谓岁差，是地球的自转轴指向由于受到其他天体的吸引作用而发生缓慢而微小的变化。比如今年的冬至到明年的冬至，从地球上而言，太阳没有回到原来的位置而是发生了缓慢的向后移动，这也就引起了24节气位置的变动。祖冲之计算岁差值为每45年11个月差1度。

由于历法学家们根据冬至点制定历法的起算点，而在祖冲之以前，冬至点的位置被认为是固定不变的，这使得他们的历法制定从开始就是有一定的误差的。在祖冲之引入岁差概念后，历法的精确度也就此大大提高了。

⊙趣味链接

就在公元462年，祖冲之将自己精心编制的《大明历》上交给了朝廷，请求宋孝武帝公布实行。孝武帝召集各位大臣们进行商议。而在讨论过程中，祖冲之受到了以皇上宠幸的大臣戴法兴为代表的保守派反对。他们古板地认为，祖冲之擅自改变古历，是离经叛道的行为。戴法兴是有权有势的大臣，由于他带头对新历法发难，朝廷的大小官员都不赞同改变历法。

但祖冲之是不愿轻易就被人否决的，他坚持自己的分析结果，理直气壮地同一群保守派的历法师们进行辩论。直到辩论结束，戴法兴等人最终没有话可以辩解了，但他们仍然蛮不讲理地表

祖冲之编制大明历

示"新历法再好也不能用"。祖冲之没有被吓到，一直坚持着自己的原则。遗憾的是，新历法在当时仍没有被颁布，而是到了祖冲之死后10年，他所创作的《大明历》才得以推行。

⊙古今评说

我国劳动人民在实践中积累了相当丰富的天文学知识，很早就有一套完整的观察系统和研究结果，在世界上都是占有一定地位的，特别在历法方面。而

《大明历》作为我国历法史上的第二次大改革，是当时最优秀的一部历法，其观测结果也同现代历法有相似之处。

作为传承中国优良文化的万人，应该向祖冲之学习，不盲从，不跟风，当然要"取其精华，去其糟粕"。

天文观测中的巨著

⊙天文课堂

　　《开元占经》是中国古代一本著名的天文学著作，全名叫做《大唐开元占经》，大约在公元718~726年之间写成。它的作者叫瞿昙悉达。当你听到作者的名字时，一定会觉得很奇怪，他一定是外国人吧？的确，这本书的作者祖籍是在印度，他的祖先在很久之前由印度搬迁到了中国，所以他的名字才不像中国的人名。

　　《开元占经》这本书在唐朝以后一度失传了，所幸的是在明朝末年又被人发现了，最终才得以流传下来。这本书总共分120卷，保存了唐以前大量的天文、历法资料和纬书，同时还介绍了16种历法有关纪年、章率等的基本数据。所以《开元占经》在天文史上具有很大的研究价值。

瞿昙悉达著的《开元占经》

　　《开元占经》一书中，至今依然保存了中国最古老的恒星位置观察记录。在60卷到63卷中，介绍了关于二十八宿星占了65卷至68卷涉及石氏中、外官星，总共给出了121颗恒星的赤道坐标位置。对于这种赤道坐标，虽然相比现代天文学上使用的赤道坐标的形式不同，但是它们之间的本质都是一样的。而这121颗星的坐标就汇成了我国最古老的星表，也被人们称作为"石氏星表"。当然，书中也给其他恒星命名，比如我们熟知的北斗七星、牵牛星、天宫星等。而那时候，《开元占经》还对日食现象进行一系列简单的描述，除此之外，书中还收录了日全食时人们看到的太阳外层的一些现象，如日珥和日冕等。

石氏星表

在本书的第一百零四卷中还记录了印度的数码，提出了"？"的符号。这是中印数学交流史上的一段重要资料。它的第一百零四卷里还记载了《九执历》术文。《九执历》是一部印度历法。《九执历》中引进了三角学里的正弦函数算法和正弦函数表，这在中国古代数学中也是一个新事物。总之，《九执历》的传入乃是中国与印度科学交流史上的一件大事，而这件大事的价值，目前看来，只有《开元占经》才能为我们提供评价的具体依据。

不仅如此，《开元占经》还保存了大量已失传的古代文献资料。可以说，《开元占经》作为保存古代文献的著作来说，称得上是一座宝库。

⊙趣味链接

《开元占经》写成之后，一开始在世间传播得很少，这主要是这本书涉及了占卜星术，而当时历代的封建统治者都把它视为高度机密，生怕有人利用此书再结合天上的星象蛊惑百姓，危害自己的统治。到了宋代之后，这本书根本就没人提及了，甚至连明代的皇家天文台也没有藏本。直到明朝万历四十四年，一个叫程明善的学者在给古佛像布施装金的时候，发现了佛腹中的一部抄本，这本书才开始让人知道，而当今传世较广的一本，应该是道光年间的恒德堂刻版巾箱本。

⊙古今评说

"快看，那是北斗七星！"如今的我们看到天上的七颗斗状的星星都会自然而然地叫出它们的名字，然而我们不能忘了这几颗星星都是在《开元占经》

中被命名的。

当我们在交流和对话中打出"？"这个符号的时候，我们也不能忘了那是《开元占经》从印度引进的符号。

此外，我们至今还能在生活中看到《开元占经》的影子，它包罗了天文、历法等重要古代资料，可以说是古人留给我们的一份无价的瑰宝。

四、中国古代著名
的天文学家

太阳之母

⊙天文课堂

如果有人问你，中国的第一位天文学家是谁？你会不会毫不犹豫地回答是羲和呢？在古代传说中，羲和是帝俊的妻子，她和帝俊生了十个孩子。这十个孩子就是太阳，他们住在东方大海的扶桑树上，每天都轮流在天上值日。中国最早的百科全书《山海经》中，这样记载道："有女子名羲和，为帝俊之妻，是生十日，常浴日于甘渊。"因此，羲和也被人们称为"太阳之母"。

羲和每天都要掌握好时间的节奏，这样她才能驱使太阳从东向西前进。正是因为羲和有着不同寻常的本领，到了上古时代，她制定了时历。《尚书·尧典》一书中这样记载道："乃命羲和，钦若昊天，历象日月星辰，敬授人时。"意思是说，羲和时常关注着时间的循环，通过不断地努力，研究出了测定日月星辰的运行规律，于是给大家制定出了计算时间的历法。

随着母系社会的瓦解，人们步入了父系社会，羲和的社会地位也发生了变

太阳之母羲和

化，从先前生太阳的女神逐渐演变成了太阳本身，后来又成为太阳的驾车者……在《离骚》、《天问》等古书中，我们都能清楚地看到这段变化。

義和老母庙遗址

不过，神话始终是神话，在历史中记载道，義和当时黄帝手下主管占日的一名男性官员，每天都从事着观察太阳运行规律的工作。经过他不断的研究和分析，终于研发出了一种计算时间的方法。此外还有另外一种说法认为，義和是掌管天文的家庭，其中包括義仲、義叔、和仲、和叔四人，他们被尧派往东南西北四个不同的地方，研究时间变化的规律，以此来确定季节，安排历法。

直到今天，在山东省日照汤谷太阳文化源旅游风景区里，依然立着一座非常独特的老母庙，当地人亲切地称作为義和老母庙，它的修建就是为了祭祀我们的先祖——太阳神義和。

⊙趣味链接

对于義和的事迹，历史上也有不同版本的记录。在司马迁的《史记·历书》一书中，義和在黄帝的命令下，通过日日夜夜观察太阳，最终总结出了计算时间的方法。《尚书·胤征》中记载，当时義和是夏仲康王的天文官，因为他长期沉迷于酒色和荒废了天象的观测和推算，导致没有预测到日食，引起了民众的极度恐慌，造成了国家不小的损失，因此被胤侯处决了。而在《山海经》中记载的是義和国的一个女子——義和，她嫁给了帝俊之后生下了十个太阳，并每天在甘渊为十个太阳洗澡。屈原写的《离骚》中，却把義和塑造成一个驱赶太阳的车夫，跟古希腊神话的赫利俄斯有点类似。

⊙古今评说

不管是神话还是历史所记载的，義和都通过她（他）的不断努力，制定了有关时间的历法，给人们带来了方便。不仅如此，其所制定的历法，也在一定程度上大大促进了当时的天文学的发展，为后来人们开始制定更精确的时间历法奠定了一定的基础。

羲和的丰功伟绩也影响了不少人，比如主张复古的王莽在掌控实权之后，把当时的天文官一职位改称为羲和，这一措施也大大激发起了不少人开始学习天文学的热潮。时至今天，在中国的一些地方也设立了一些关于羲和的寺庙，以此来纪念羲和这个人。

星官的传人

⊙**天文课堂**

如果有人问你司马迁的身份，我想你一定会毫不犹豫地回答："他是中国有名的史学家，是《史记》的作者。"其实，司马迁还是一个著名的天文学家。

司马迁是中国西汉时期伟大的史学家、思想家、天文学家。他被后人称为"历史之父"。他的名著《史记》是我国第一部纪传体史书，也是一部不朽的文学名著，主要记载了从上古传说中的黄帝时代到汉武帝太史元年间共3000多年的历史，被鲁迅誉为"史家之绝唱，无韵之《离骚》"。

司马迁出生在一个贫苦的家庭里，每天都是过着吃了上顿没下顿的生活，不过这样艰苦的环境，仍然没有浇熄他那团渴望知识的火苗。他从小就认真学习，10岁便开始读古书，一旦遇到不明白的问题，他总要反复思考，弄懂为止。

到了司马迁20岁的时候，他从长安出发，开始到全国各地游历。后来司马迁又回到了长安，并且当上了郎中。随后又受到了汉武帝的提拔，到了35岁那年，司马迁被汉武帝派遣到云南、贵州、四川等地，也为他以后在牢狱中完成《史记》一书提供了很大的帮助。

司马迁在天文方面也有着卓越的成绩。他不但在许多篇本纪、表、传中记载了丰富的天文资料，

司马迁著史记

103

而且还写了《历书》和《天官书》，开创了中国史书系统地记述天文资料的优良传统。

以前的人们一直都认为日食和月食是一种不可预测的天变现象，他们觉得这种现象就像上天在发出警告，意味着将会有灾难发生。不过，司马迁却不这么认为，他分析了历代的月食记录，提出了月食现象的发生存在一种周期性的规律，并且成功地总结出了这一规律。从那以后，中国历史上第一次有了一个交食周期，人们对日食、月食也开始有了进一步的认识，对这些天象不再惧怕。

司马迁还分析了古代百余年来的史官行星观测记录，并根据自己观测的结果，提出了每个行星的运动中都有规律地出现逆行现象这一说法。他将每个行星都总结和建立了一份动态完整的行星动态表，尽管在当时他所制定的动态表还不是很精确，不过已经算是一个了不起的尝试了。

⊙趣味链接

司马迁在天文史上无疑是一个敏锐的洞察者。在他提出的"行星在逆行时比顺行时可能更加明亮"这一观点中，就能看出他治学是多么严谨。今天我们所讲的金星、木星、水星、火星和土星，也和司马迁颇有渊源。在司马迁所写的《天官书》中，第一次出现了以土、木、火、金、水来命名的五大行星。司马迁根据古代的五行理论，发现这五颗行星的颜色特征正好跟五行理论相对应，即五行配五色，不过在观测水星的时候，司马迁发现了水星的颜色并不是黑色的，但是为了凑合五行理论，就把它命名为水星了。从这件事情也可以反映出司马迁在天文观测的时候，是多么精细。

⊙古今评说

虽然大多数人都更关注司马迁在史学方面的成就，但是他在天文学上所作的贡献，也让我们敬佩万分。我们国家的历代天文学资料到今天还能源源不断地流传下来，并且成为了全人类珍贵的文化财富，司马迁在其中功不可没。

不仅如此，司马迁在困难面前毫不退缩的精神也值得我们青少年学习，他克服了种种困难，不管是撰写了《史记》，还是在研究天象方面做出的伟大贡献，他的机智、认真，都展现得一览无余。因此，他不仅是一位杰出的史学家，也是一位当之无愧的天文学家。

地动仪的制造者

⊙天文课堂

西汉时期人才辈出，除了上面介绍过的司马迁，还有一位天文学家我们不得不说，他被人们誉为是西汉最杰出的天文学家——张衡。

张衡一生中一共观测并且记录下了2500颗恒星。同时，他还自主研发了世界上第一架漏水转浑天仪。这个仪器在当时已经能够做到相对准确地演示出一些天象。此外，张衡还发明了不少东西，比如指南车、自动记里鼓车、飞行数里的木鸟等。当然，张衡的著作也很多，其中包括科学、哲学和文学著作共32篇，他所写的天文著作有《灵宪》和《灵宪图》，在当时影响了不少天文爱好者。

传说，张衡在当时还制作过两件神奇的器物，一件是有三个轮子的机械，可以自转；一件是一只木雕，能在天上飞翔。张衡曾被唐代人看作是东汉时代的大画家，当时还流传有他用脚画一只神兽的故事。虽然这些在现在听起来都有点令人匪夷所思，但是从侧面不难看出，张衡在各方面都有着很多人难以企及的天赋。

在世界天文史上，张衡也有着不小的地位。为了纪念张衡以及他对天文学上的贡献，联合国用他的名字命名了月球上的一座环形山，在1977年，又把一颗小行星命名为"张衡星"。

⊙趣味链接

虽然张衡出生在一个官吏家族，可是到了他幼年的时候，他的家庭渐渐走向了

西汉杰出天文学家张衡

衰落，生活也开始变得十分拮据，甚至需要靠亲朋好友的救济才能勉勉强强地过日子。不过，这样的生活却没有给张衡带来消极的影响，相反还给他积极的作用。

张衡早在年轻的时候就已经街知巷闻，但他一点也不骄傲，他知道，知识的道路上是永远没有尽头的。而且他也从不追求名利。在当时，大将军邓骘是炙手可热的权势人物，他多次叫人召来张衡，张衡始终都没去。后来张衡在朝廷当上了官，却总是磕磕绊绊，大多都是因为他的性格给他的仕途带来了很大的影响。

他在当官期间，刻苦钻研天文知识，研究天象，创造了一次又一次惊人的成绩。后来，因为东汉过于腐败，晚年的张衡辞官开始避世，而他晚年写的《归田赋》，足以体现出他对当时东汉统治者的无奈和失望。

⊙古今评说

我们说张衡是西汉时期最杰出的天文学家，一点也不为过。他的一生，给人们带来了不少惊喜和震撼，他所发明的地动仪，让人们对一些天象的产生有

浑天仪

了更进一步的了解，而他的天文著作，记录下他观测到的许许多多的恒星，为后人继续研究天文天象做出了伟大的贡献和奠定了一定的基础。

在20世纪，我国著名文学家、历史学家郭沫若曾经这样评价张衡："如此全面发展之人物，在世界史中亦所罕见，万祀千龄，令人景仰。"当然，张衡对知识的探索和对学术的严谨态度也是值得青少年朋友们学习的。

西汉"算圣"

⊙天文课堂

现代人发明了计算器，可还是会对一大堆杂乱无章的计算感到厌烦。对于西汉时期的人们来说，任何计算都只能依靠算盘。很难想象，就是这样的条件，却成就了我国西汉时期的一位杰出的天文学家，他就被人们尊称为"算圣"的刘洪。

刘洪出生于公元129年，泰山郡蒙阴人，也就是在现在山东蒙阴县附近，字元卓，是我国古代杰出的天文学家和数学家。

刘洪从小就十分好学，因此他具有渊博的知识，而且他出生在鲁王宗室里，他的父亲是鲁王，他的叔叔是光帝刘秀，所以他在年轻的时候就成为了朝廷的内臣，而这一背景无疑是他施展政治抱负和潜心研究天文历算的得天独厚的条件。

不出所料，刘洪的才能完完全全被朝廷所重视。在《后汉书》中这样记载道"洪善算"。在汉灵帝光和年间，因为刘洪超强的计算能力，被太史蔡邕极

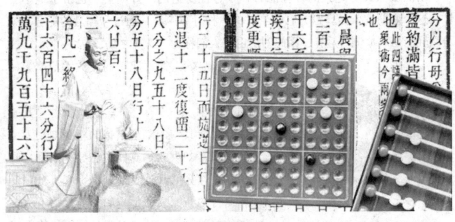

西汉算圣刘洪

109

力推荐给朝廷，于是刘洪就被调回了北京，开始了从事历法的研究。这段期间，刘洪除了按照皇帝的安排，积极审核、校对别人呈报上来的研究成果之外，他还把自己多年研究的成果汇集起来，编写成《乾象历》、《七曜术》和《九章算术》等书籍。

他在精心研究下发现了西汉当时采用的《四分历》有很大的错误，于是他参照历代传下来的历法加以分析改进，创造了我国第一部历法——《乾象历》。

《乾象历》创新的地方，一是它考虑月球的不均匀运动，二是在推算日食、月食时，它采用了定朔的方法，从而能够在最小的误差内保证时间的精确性。《乾象历》的诞生，对后来历代的历法修订产生过重大的影响，《乾象历》也一直被后世所沿用。

除此之外，刘洪还做出了一系列关于天文学的贡献，比如他在后来计算出大量的新数据，还制作出了新表格以及他所提出的新概念和创造出的一些新的计算方法，这些成果大多都被后世所承袭。刘洪在天文学上的研究都是十分精确，即使他当时测定的回归年，放到和今天的测定结果比较，一点也不亚于今天的测定结果。

⊙趣味链接

刘洪虽然拥有超强的计算能力，不过他身边的"好朋友"也帮了他不少忙。这个好朋友就是算盘，它是当时的一种计算工具，通过和算盘的配合，就可以轻而易举地进行运算，因此刘洪也被人们称为"珠算之父"。

算盘

东汉魏人徐岳所著的《数术记遗》一书中这样记载道："刘会稽，博学多闻，偏于数学……隶首注术，仍有多种，其一珠算。"其中的刘会稽指的就是刘洪。由此看来，刘洪的神算能力已经是家喻户晓了。在珠算的帮助下，刘洪确立了黄白交点退行的新概念，他查阅了历代书上留下来的重要数据，通过多次计算，最终得出了结论。虽然刘洪没有给出交点月长度的明确概念和具体数值，但是他的这一概念的提出，已经为后世的发展奠定了牢固的基础。

⊙古今评说

时至今天，不少人还是惊叹刘洪的计算能力，在当时没有计算器的条件下，仅仅靠着珠算这一简陋的工具，居然能创造出如此惊人的成绩。

刘洪的一生都在天文学的发展上贡献自己最大的力量，他面对大量繁杂的计算，并没有停止前进的脚步，他的毅力和坚忍不拔的精神，很值得我们尊敬和学习。而刘洪的成就，不仅仅促进了当时中国天文学的进一步发展，也为后来我们国家对许许多多的天文研究奠定了一定的基础。刘洪所著的书籍，像《九章算术》、《乾象历》，还有《七曜术》等，也给西方天文学带来不少新的冲击。

中国天文先驱

⊙天文课堂

说起甘德，大家一定会觉得很陌生，但是这并不影响他在中国天文史上的重要地位，因为早在两千多年以前，甘德就已经发现了太阳系中的很多行星，比如木星、土星、火星、水星、金星，甚至还通过一系列观察，计算出了它们的运转周期。

甘德是中国早期的天文学家，他出生在当时的齐国。那个时候，中国百家争鸣，不同的学派在中国这片广袤的大地上开花结果。不得不说，这样的氛围为甘德提供了很好的学习机会，也为他全方位地接触到各种知识提供了很好的机会。

甘德小时候就特别聪明，不过他却对天文、天象情有独钟。作为当时著名的占星家，他所著的《天文星占》八卷和《甘氏四七法》一卷，与石申夫所写的天文著作，一起被后世称为《甘石星经》。甘德还建立了行星会合周期的概念，在很早的时候就已经计算出了木星、水星、火星会合的运转周期。

甘德不仅给出了木星和水星在一个周期内出现与潜伏的天数，而且还定义了金星在一个周期内的顺行、逆行以及潜伏的日数，甚至还指出在不同的周期内，金星顺行、逆行和潜伏的日数可能会在一定幅度内变化的现象。甘德的这些定量描述放在现在看来还比较粗疏，但它们却为后世传统的行星位置计算法奠定了基石。

甘德经常对天空中的恒星作细致的观测，他和石申夫等人都在不相同的全天恒星区建立了相应的系统，到了三国时期，陈卓根据甘德、石申夫和巫咸三家的星位图，重新总结，得到了我国古代经典的星官系统表，而其中属于甘氏星官的有146座。由此可以看出，甘德在恒星区划命名方面的工作上，所观察的结果对后世产生了巨大影响。再后来，有人推测甘德很可能曾对若干恒星的位置进行过一系列的测量，不过由于历史的缘故，他的很多成果都没有流传下来。

当然，甘德除了对恒星的观测外，他还对行星的运动进行了长期的观测和研究。在以前，人们都错误地认为，行星运动大致顺从同一个方向。不过甘德却发现了火星和金星的逆行现象，在《汉书天文志》一书中，这样记载道："古历五星之推，亡逆行者。至甘氏石氏（星）经，以荧惑（火星）太白（金星）为有逆行。"清清楚楚地记载了甘德发现了火星和金星的逆行现象的事迹。

星象表

⊙趣味链接

说到伽利略，大家一定很熟悉，因为他通过天文望远镜发现了卫星——木卫二，这颗环绕在木星旁边的卫星。其实甘德发现木卫二的时向更早。两千多年前，甘德就已经通过肉眼观测到了木卫二，而这个时间要比伽利略通过天文望远镜发现木卫二要早得多。这听起来都有点令人匪夷所思，甚至可以说是一个奇迹，但甘德却做到了。

甘德还做出了一些星象表，用来观测天象，星象的变化。在西方，也有许多天文学家制造星表，比如古希腊的天文学家依巴谷、阿里斯提尔、提莫恰里斯，但是他们都没有甘德早。

⊙古今评说

甘德所制造的甘氏岁星法与其他的历法不同，它最大的特点是不用太岁、太阴和岁阴名称，而引用了新的名称——摄提格。这个创新的举措，大大解决了古人繁琐的计时方法。

除此之外，甘德通过自己的聪明才智，观测天象，然后进一步进行了一系列的运算。在当时很好地解决了这些问题，为人们过上丰衣足食生活争得了主动。从这里我们不难看出，无论是对星象的研究，还是在天文学上的贡献，甘德在中国历史上都有着举足轻重的地位。

很多人都称甘德是中国天文学的先驱，事实也确实如此。甘德对天文学所做出的贡献，与其他各家相比，在战国时代是最突出的。

闪耀在光环背后

⊙天文课堂

　　人们只要提起甘德，往往会想起石申夫，他们就像一对形影不离的好朋友，为中国古代的天文学发展贡献了自己的力量。

　　关于石申夫的身世，史书上记载得很少，到今天，我们只能知道石申夫是战国中期魏国的一名天文学家，但是依然不知道石申夫的生卒年份。不过这毫不影响他在中国天文学上的重要地位。他在战国秦汉时期，就已经开创了石氏学派，他所著作的《天文》8卷，在西汉之后，被人们尊称为《石氏星经》、

石申夫与甘德观测天象

115

《浑天图》等，而他的著作和甘德的《天文星占》8卷、《甘氏四七法》1卷，一同被人们称为《甘石心经》。

石申夫在天文学方面做出了极大的贡献，其中他和甘德两人通过测定，十分精确地记录下了黄道附近恒星位置及其与北极的距离，不仅如此，石申夫还发现了日食、月食是天体相互掩盖的现象，在《开元占经》一书中至今都保存着当时石申夫的著作的部分内容，其中，标注为"石氏曰"的121颗恒星的坐标位置，是迄今为止世界上第二早的星表，仅仅次于古巴比伦星表，这个结论，要比当时希腊天文学家伊巴谷测编的欧洲第一个恒星表早了一百多年。

不仅如此，在战国时期，中国的天文学家所创立了四分历中，石申夫也在其中起到了不可缺少的作用，从保留至今的零星历史文献中可以看出，石申夫在四分历发展过程中曾起过相当重要的作用。《史记·天官书》一书中就记载了当时石申夫所发明的石氏岁星纪年法，而这个石氏岁星纪年法，给当时的人们在生活上带来了很大的方便。

石申夫经常会对天空中的恒星做一些细致的观测，也因此获得了不小的成就。他和甘德等人，都先后各自建立了各不相同的全天恒星区划命名系统。石申夫所用的这个方法，是根据给出某星官的名称与星数，再通过指出该星官与另一星官的相对集团，从而对全天恒星的分布位置等给予一些列定性的描述。

当然，石申夫在世界天文史上也有很高的地位，联合国就曾经将月球上的一个环形山，用石申夫的名字来命名，以此来纪念他对人类天文学上的巨大贡献，而石申夫也是中国在月球上环形山被命名的五个人之一。

⊙趣味链接

石申夫曾经系统地观察了金、木、水、火、土五大行星的运行，并且发现和总结出了这五颗行星出没的规律。他所记录下的名字和测定的121颗恒星方位这些数据，都被后来的天文学家所重用。在五大行星之中，石申夫对木星的观测十分精细，可以称得上是研究木星的专家了，不仅如此，他还为木星专门写了一本书——《岁星经》。《开元占经》一书，就引用了石申夫论及木星时所说的话："若有小赤星附于其侧"，由此可以看出，当时石申夫已经注意到了木星旁边的一颗卫星——木卫二。

⊙古今评说

对于石申夫来说，他无疑是战国时期杰出的天文学家，他在天文学上做出的贡献，给当时的人们带来了生活上的方便，他通过不断观测天象所记录下的数据和提出的看法，都对后世研究天文奠定了一定的基础。

当然，他在当时如此落后的科学技术下，能坚持不懈地研究天文天象，遇到困难不胆怯，敢于挑战的这种精神，也是我们今天应该学习的，他所著的关于天文的书籍，也给中外的天文学家在研究五大行星时带来了不少的帮助。

天文学家的数理智慧

⊙天文课堂

说到圆周率就不得不提到中国古代伟大的数学家祖冲之，他还是一位伟大的天文学家。

祖冲之，公元429年4月20日出生于河北，后来为了避免战乱，他跟随着祖父祖昌从河北迁移到了江南。由于他的祖父和父亲都是朝廷里的命官，所以祖冲之从小就接受了很多科学知识。到了青年时期，祖冲之进入了当时的华林学省，开始进行一系列的学术研究，后来他创下了许多惊人的成绩。

在南北朝的时候，祖冲之在历法上就做出了巨大的贡献，其中主要包括三点：第一，他第一次就提出了391年加144个闰月的新闰法。虽然这个闰法现在觉得没什么了不起，但那个时候却是当时最精密的了。第二，他第一次把岁差应用到历法中，可以说开古来之先河，为我国的历法改进揭开了新的一页。第三，祖冲之推算出历法中"交点月"的日数，还制成了当时最科学、最进步的历法——《大明历》。他也是最早将岁差引进到了历法中，这个《大明历》历法，是祖冲之多年来的智慧结晶，也是他在天文历法上最卓越的贡献。不仅如此，他还发明了用圭表测量冬至前后若干天的正午太阳影长，还有定冬至时刻的方法。

当然，除了在历法上做出的巨大贡献，祖冲之在其他方面还有不小的造诣。他不仅擅长音律、文学等等，根据史料的记载，祖冲之还曾经设计并且制造出了水碓磨、铜制

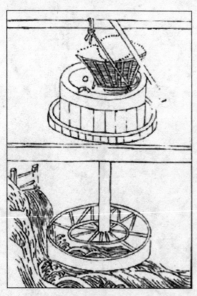

祖冲之发名的水碓磨

机件传动的指南车、千里船、定时器等先进的工具。现在想想，一个人能取得如此多的成就，真是奇迹。

祖冲之除了在机械、天文方面的成就外，他在数学上的贡献更是举足轻重。迄今为止，祖冲之是世界上公认的第一个把圆周率精确到小数点后第七位数的人，而他创造的这个惊人的成绩，一直到了15世纪，才被阿拉伯数学家卡西打破。

祖冲之也是中国在月球上以自己名字命名环形山的五个科学家之一。联合国为了表彰他对世界所做出的巨大贡献，将他的名字用来命名月球上一座环形山，甚至还一度用他的名字命名了一颗小行星，以此来缅怀这位曾经为世界做出重大贡献的科学家。

⊙趣味链接

其实早在青年的时期，祖冲之就已经家喻户晓了。很快他就被政府派到当时的一个学术研究机关——华林学省，去进行一系列的学术研究工作。

在祖冲之刚创造出《大明历》的时候，很多人都不同意，一方面是因为觉得改来改去实在没有必要，还有那些人很迷信古人，他们认为古人所创造的历法是不会有错的。

在那时，一个叫戴法的人也极力反对，甚至还上书到皇帝那儿，他认为祖冲之开创新的历法，这是大逆不道的行为。不过，祖冲之依旧坚持自己的主张，面对权势，他毫不退缩，理直气壮地与戴法展开了辩论。

而这一场关于新旧历法优劣的辩论，实际上反映了当时科学和反科学、进步和保守两种势力的尖锐斗争，最后祖冲之凭事实说话，赢得了这场辩论的胜利。

⊙古今评说

一直到了今天，当人们谈起祖冲之时，都会情不自禁地对这位伟人竖起大拇

祖冲之取得了多方面成就

指，感叹他在天文学上做出的伟大贡献，不仅仅给后世研究天文学带来极大的帮助，还在很大程度上促进了当时中国天文学的发展。

祖冲之发明的《大明历》大大方便了人们的生活，也给后人研究天文学带来了帮助。祖冲之在困难面前不胆怯，在权势面前不低头的态度，更值得我们今天学习。

编修新历的僧人

⊙**天文课堂**

唐朝的时候有一个和尚，他不但是佛学家，而且还是个赫赫有名的天文学家。他就是一行，俗名张遂。

张遂的曾祖父是唐太宗李世民的功臣张公谨，不过在武则天统治时期，张家已经败落了。张公谨对于天文和算数十分精通，这给了张遂很大的影响，让他从小就爱上了天文学和数学。张遂年轻的时候，就学会了如何推步日月、丈量山河，对于当时著名的天文学术论文《义诀》也潜心研究，因此被人们尊称为"学者"。

武则天统治时期，她的侄子武三思地位显赫，为了彰显、抬高自己，他曾三番五次地想要拉拢张遂。但是张遂对于沽名钓誉之人没什么好感，不想与之为伍，可又迫于当权者的压力，最后只能愤愤地离开了京城，去嵩山当了一名和尚，法号一行。

后来武则天退位，李唐王朝曾多次召他入宫，都被他拒绝了。直到唐玄宗继位之后，亲自派人去接，张遂才再一次回到长安，做了朝廷的天文学顾问。

唐玄宗请张遂进京的主要目的，是想让他重新制订历法，因为自汉武帝到麟德元年之间，历史上先后有过25种历法，但都不精确。在开元9年的时候，因为李淳风的《麟德历》几次预报日食不准，于是唐玄宗终于下定决心命由张遂主持修编新历。

张遂没有辜负唐玄宗的重托，他花了

唐代天文学家一行

七年的时间，从中参考了大量的资料，做了许多实测，又制作仪器，以严谨的科学精神，最后终于完成了《大衍历》。

这部《大衍历》具有跨时代的创业精神，它之所以能够取得巨大的成就，是因为继续并发扬了古代天文学的长处，并且对于古人做出的错误结论进行了修正。其中最大成就莫过于他正确地掌握了太阳在黄道上运动的速度与变化规律。

自从汉代以来，所有的天文学家都认为太阳在黄道上的运动速度始终是保持不变的。张遂通过精密的计算，推翻了前人的结论，认为两个节气之间黄经差相同，时间相距却不同，也就是说，太阳在黄道上运动的速度并不是均匀不变的。这样的结论与现代天文学基本称合，对于古代天文学更是一个伟大的进步。

不只如此，张遂还在《大衍历》中计算出月亮运行的支黄道的度数，认为月行黄道一周并不会回到原来的位置，而要比原来的位置退回一度多。这种计算方法对于中国古代天文学的影响十分深远，直到明朝末期的时候，历法家们还延用这种计算方法，并取得了非常好的效果。

⊙**趣味链接**

唐朝开元年间，张遂奉命修订历法，在这个过程中，为了测量出日月星辰在天空中的位置以及运动的规律，他与同时期的天文学家梁令瓒共同制造了观测天象的仪器——浑天铜仪。

浑天铜仪和汉代张衡的浑天仪十分相似，制造原理也基本相同。在浑天铜仪上，我们能够看到日月星辰的图像，它主要利用水力进行运转，一个昼夜运转一周，和天象相符。此外，浑天铜仪还装了两个木头人，一个负责每刻敲鼓，另一个负责每辰敲钟，其

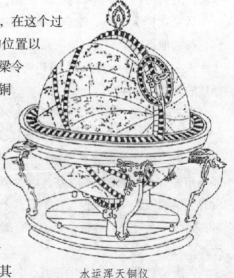

水运浑天铜仪

精密程度远远超过了张衡的浑天仪。

浑天铜仪的主要作用，就是在观测天象的时候，能够直接推算出日月星辰在轨道上的坐标位置。有了这个仪器，张遂便能够进行更多的天文学研究了。

⊙古今评说

张遂是幸运的，因为他生活的唐朝，是一个让无数知识分子都十分向往的年代，也是中国古代人文科学和自然科学向上发展的年代。那时候的人们用自己的智慧搭起了通向天体奥秘的金字塔，而张遂正是那个时代站在金字塔尖的人。

在中国古代的天文学中，张遂的成就无疑是巨大的，即使在世界范围内也有着很大的影响。张遂修订的《大衍历》可以算作当时世界上最为先进的历法，这部著作不仅在国内广泛流传，对于日本的影响也很大。不仅如此，张遂在天文学上的某些观点，比国外著名的天文学家要早一千多年。

全能的天文学家

⊙天文课堂

北宋时期，有一位博学多才、举世闻名的天文学家，名叫沈括。

沈括出生在浙江钱塘的一户普通官僚家庭。他的父亲是一位官员，曾经在开封、江宁、泉州等地任职；他的母亲也很有文化素养，从小就很重视对沈括的文化教养。小时候沈括很聪明，在母亲的帮助和指导下，他在14岁的时候就把家里的所有藏书都读完了。之后，沈括跟随父亲去了泉州、简州、润州、开封等地方，让自己的眼界更加开阔，也更加了解当时人民的生产生活情况。24岁的时候，沈括开始了自己的为官生涯，他先后做过宁国、东海、宛丘等地的县令。33岁的时候，沈括考上了进士，被朝廷安排到扬州担任司理参军的职务，主要掌管刑讼审讯。36岁的时候，沈括被推荐到京师昭文馆编校书籍，之后开始负责领导司天监。

在司天监任职期间，沈括前后罢免了6名不思进取的旧历官员，并且不问出处，破格将一些出身低微，但是对于天文历法十分精通的人招进司天监，带领大家一起编制全新的历法。

沈括的治学态度十分认真，对于旧历官凭借演算凑数的修历方法非常不满，主张从观测天象入手，以实测结果作为修订历法的根据。在研究过程中，为了准确观测到北极星的位置，有三个月时间，他每天都

北宋天文学家沈括

会用浑天仪进行观测，并且将每天晚上初夜、中夜和后夜所观测到的北极星的位置，分别用笔画在图纸上，经过好长一段时间的研究，最终才算出了"北极星与北极距三度"结论。

此外，沈括对古代的浑仪、浮漏、影表等旧式的天文观测仪器进行研究和改革。其中，浑仪在宋朝的时候，已经变得十分复杂了。沈括便对浑仪进行改造，一方面取消了作用不大的白道环，并且将仪器简化分开化；另一方面又将一环改装，让它们不会阻挡观测者的视线。沈括的这些改革对于后来仪器的发展拓展了全新的途径，比如后来著名天文学家郭守敬制作的新式测天仪器——简仪，就是在这个基础上发明创造的。

晚年时期的沈括又提出了一种全新的历法——"十二气历"，这种历法将一年分为十二气，四个季节，每个季节又分孟、仲、季三个月，每个月份的定制完成根据节气来定，立春那天是一月一日，惊蛰那天是二月一日，以此类推下去；每个大月有31天，每个小月有30天，大月和小月相间，一年只有一次两个小月相遇的情况。沈括全新制定的这个历法，与天体运行的规律十分稳合，也比较具有科学性，十分有利于农业活动的安排。如果和现在世界各国所采用的公历相比，沈括的"十二气历"在分月上也有其合理之处。

⊙趣味链接

公元1095年，伟大的天文学家沈括如同星辰般陨落了。在此之前，沈括在梦溪园里安享晚年，并且总结了自己一生积累下来的经验，写下了举世闻名的科学巨著《梦溪笔谈》。

在这本旷世奇书中，除了记载有沈括一生的天文学成就以外，还包括语言、文学、音乐、史学、考古、绘画，以及财政、经济等多方面的内容。这本科学巨著主要以笔记的形式撰写而成，原本分为26卷，后来又增加了《续笔谈》一卷和《补笔谈》3卷，一共有30卷。全书可以分为17个

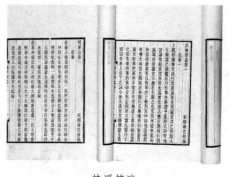

梦溪笔谈

类别，达十余万字，可以说是一部内容全面、将前人的科学成就汇集在一起的鸿篇巨制。《梦溪笔谈》也因此被称为"中国科学史上的坐标"，即使在世界文化史上也占有十分重要的地位。

⊙古今评说

在我国古代的天文史上，沈括算得上是一位全能的天文学家，他博学多才、成就斐然，不仅精通天文、地理、数学、物理、化学、生物、农学和医学，而且还是出色的外交家、政治家和军事家。与此同时，他在晚年所著的《梦溪笔谈》，以详细的文字记载了自己终生的研究成果，以及前人在科学技术方面的卓越成就，如一面镜子映照出古代中国人的辉煌成就。

天文"明星"

⊙天文课堂

在中国的历史上，人才济济，群星璀璨，从来都不缺乏人才。可是有这么一个人，他创造的历法一直被沿用数百年，无论是在天文、水利、数学、地理、仪器制造等方面，都有杰出的成就，真算得上是一个"全才"了。这个人就是郭守敬——中国古代历史上一颗闪耀的明星！

郭守敬是元代著名的天文学家、数学家、水利专家和仪器制造专家。他的一生都在为科学事业做贡献，并且在当时取得了举世瞩目的成就。在元朝的时候，郭守敬就有二十多项发明创造，遥遥领先于当时的世界水平。同时，他所创立的《授时历》是中国被使用最久的历法！从元朝开始，到后来经历了数百年，仍然盛行不衰。

在天文仪器制作方面，郭守敬也有很大的成就。虽然当时的技术很有限，可他通过不断的努力，还创制和改进了简仪、浑天象、立运仪、候极仪、仰仪、高表、景符、窥几等十几件天文仪器仪表。为了更好地研究天象，制定历法，郭守敬费尽千辛万苦，在全国各地设立27个观测站，进行大规模的"四海测量"，最终精确地计算出了年的日子，而且计算结果几乎和现在的

郭守敬铜像

127

完全一致。

郭守敬不仅在天文方面成就卓越，在水利方面的巨大作为也值得人们称颂。从金朝开始，因为陆运耗资巨大，朝廷就一直致力于开辟运河，方便古人运输。不过由于种种原因，这个计划一直没有得到实施。直到元朝的时候，郭守敬担任都水监，才克服重重困难，终于开辟了元大都至通州的古代运河。也正是由于这条运河的开辟，才使得中国古代经济得到了很大的繁荣。

总之，郭守敬的一生都是在为科学事业做贡献，直到他85岁去世的时候，还想着如何进行更多的科学探索。当然，所有的付出都会得到回报的。郭守敬一直被人们铭记在心。1970年，国际天文学会将月球背面的一座环形山命名为"郭守敬山"；1977年，又将紫金山天文台发现的2012号小行星命名为"郭守敬星"。由此可见郭守敬在人们心中的崇高地位，以及他对世界天文史做出的杰出奉献。

⊙趣味连接

郭守敬从小就是一个与众不同的孩子。自从懂事以来，他就把大多数的时间都放在那些器具的研究上，整天摆弄着那些金属疙瘩、机械用具，甚至到了废寝忘食的地步。

还在童年的时候，郭守敬就显示出超人的观察力与创造力，哪怕是其他孩子摒弃的小玩具，他也爱不释手。郭守敬十五六岁的时候，他无意中得到了一幅叫做"莲花漏斗"的画。由于好奇，他整天都对着这幅画研究。让人感到不可思议的是，几天以后，他居然摸清了画中"莲花漏斗"的制作方法，然后经过一些时日的试验，居然照样做了一个"莲花漏斗"出来，让当时的人们惊叹不已！

⊙古今评说

在中国历史上，郭守敬的成就是毋庸置疑的。他在天文研究和水利事业方面的成就，更是世界科技发展上的一个奇迹。有人说郭守敬是"中华科学之魂"，也有人说他是"世界科学巨星"。

在天文学上，郭守敬的《授时历》是我国古代使用时间最长，也是当时世界上最先进的一部历法；在水利事业上，他先后主持了西夏治水、大都治水、京杭大运河等一系列重大的水利工程建设。这些成就足以让郭守敬成为中国及至世界历史上最闪耀的"明星"！

复兴之路

⊙ 天文课堂

邢云路是我国明代的天文学家。他撰写了《戊申立春考证》1卷，著有《古今律历考》72卷。在很早的时候，他就提出行星的运动受到太阳支配的思想。这样的思想在现在看来很正常，可是在明代的时候却算得上是一次全新的突破。

明朝末期，中国的天文学受到了严峻的考验，正面临着一次巨大的转折。邢云路是明末复兴天文学的代表人物，他曾经参加过两次改历运动，在中国古代天文史上留下了浓墨重彩的一笔。经过数千年的累积、计算和修正，在明代末期，中国的历法又出现了问题，无论是唐朝的《授时历》，还是当时

天文学家邢云路雕像

的《大统历》，都无法再继续沿用下去。邢云路指出，《授时历》错误地使用了《重修大明历》的数据，比如月亮、五星的计算常数等等，同时也指出了五星运行的正确周期。邢云路的一系列观点，对于当时的历法修正产生十分积极的作用。

除了修正历法，邢云路还在兰州建立六丈高表，进行冬至时刻的实测工作，算得了回归年的长度值，并且这个结果与现代天文理论值仅仅相差两秒。这样的结果无论是在中国，还是在全世界，都是非常精确的。也正是由于邢云路测量出了当时全世界最佳回归年长度值，才使得明朝停滞了很多年的天文学再一次发展起来，中国天文学再次迎来了辉煌的复兴时期。邢云路的这次年回归值测试，也为后世的天文学带来了很多积极的影响。

⊙趣味链接

邢云路从小就聪明过人，并且熟读诗书，拥有过目不忘的本领。他在成年之后，自然而然地考取了进士，之后被分配到一个偏远的小县城里当官。他在刚刚上任期间，那个小县城正在经历一场大旱，老百姓整天都被饥饿和炎热折磨着，苦不堪言。于是，邢云路决定开仓救灾，并且绘制出河图，开凿河道，把水引过来，很快地解决了当时的干旱问题。

尽管邢云路的能力出众，不过他的仕途却并不顺利。在任职期间，由于发现了历法的错误，邢云路多次上书纠正，都没有得到当朝皇帝的重视。于是邢云路只得辞官回家，继续钻研历法。经过无数个日月的学习，查看了无数的文献资料，邢云路最终凭借自己的智慧与努力，完成了《古今律历考》72卷。

邢云路著古今律历考

⊙古今评说

邢云路是成功的，也是孤独的，因为在当时的背景下，天文学家一度受到冷落，很多时候只能待在家里钻研历法、默默奉献。不过，在历史面前，所有事物都有它的两面性。邢云路虽然在历法研究上遭到了阻挠，却最终完成了《古今律历考》72卷。因此，那个时代的阻挠反而更像一种动力，让邢云路能够坚持不懈地走下去。

如今回过头去看看邢云路的成就，我们不禁感慨万千，因为他的思想萌芽于古代传统的天文学，却已经接近现代天文学的光辉大门了。

五、天文观测的新视野

揭开月球的面纱

⊙天文课堂

　　月球是离我们最近的一颗星球，不过在望远镜诞生之前，人类只能够在晴朗的夜晚，通过肉眼去观察它皎洁的面容。由于月球的形状十分奇特，表面凹凸不平，有明有暗，于是人们对它产生了无限的遐想与渴望，甚至还编造出"嫦娥奔月"这样美丽的神话。

　　时光匆匆流转，随着现代科学技术不断的发展，以及太空望远镜不断的更新，人类已经渐渐拨开了笼罩在月球上的神秘面纱。如今，我们可以毫不夸张地说，月球是迄今为止人类研究得最透彻的地外天体！人类不仅在月球上留下了自己的足迹，还通过各种航天设备，将月球的资料送回地球，让我们能够更加全面详尽地了解夜空中那颗最明亮的星球。

　　根据现代天文学所掌握的资料表明，月球上是没有水的，也没有水的腐蚀，更没有氧化和风化的过程。由于月球本身不发光，因此天空永远处于无尽的黑暗之中，无数闪耀的星辰会与太阳同时出现。另外，月球上几乎是没有大气层的，因此白天和晚上的温差特别大——白天，强烈的日光直射到月球表面，温度可达升高到127℃以上；而到了晚上，月球上的温度可能降低至-183℃以下。由于缺少大气层的保护，月球上的日光强度大约是地球上的3倍，紫外线的强度也相应地增强。

　　如果我们有幸去月球上旅游一番，还能够看到许多地球上没有的奇特景象呢！比如月球的上空永远是一片黢黑色，太阳光笔直地照在月球上，使月球上的明暗对比十分强烈。由于没有空气散射光线，我们还能够看见

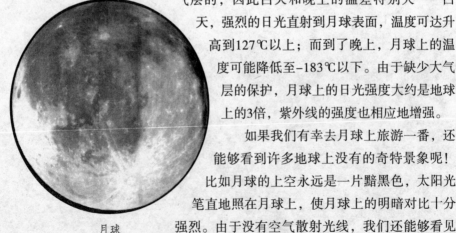

月球

"从不眨眼"的星星呢!

月球表面覆盖着一层厚厚的浮土和碎石，四处都是裸露的岩石与环形山。也许你并不知道吧，我们从地球上看见月球表面有明有暗，原来那些明亮的部分就是月球表面的高地与山区，而那些灰暗的部分，就是月球表面的平原地带……

人类对于月球的向往从古到今从未改变过。新中国成立以后，各种天文望远镜相继问世，从此我们便能够近距离地欣赏月球的"脸庞"。不仅如此，中国的大型天文台也相继落成，为我们了解月球，甚至更遥远的宇宙空间打下了坚实的基础。

近几年，中国天文学家还在南极内陆开辟了天文科考的全新领域，以及南极准天文观测新平台。通过我国自主研发的太空望远镜，获取了许多关于月球的珍贵天文资料。

另外，我国的天文学家还计划在月球上进行天文观测，并且在月球上建立一个天文观测台。这当然不是异想天开，早在20世纪美国探月时，就曾经将一台相机大小的望远镜送达月球，可是那台望远镜远没有现在这样先进，而且之后的五六十年间，都没有天文望远镜登上过月球。中国的"嫦娥三号"月球探

南极准天文观测新平台

测器却将一台先进的"紫外望远镜"送上了月球，这还是"世界第一例"呢！

⊙趣味链接

在很多人看来，月球可能只是茫茫宇宙中微不足道的一员，或者只是一颗围绕着地球不停旋转的卫星。可事实上，月球并不像人们想象的那样"不中用"。它不仅是我们探索宇宙更深处的"大跳板"，也是我们人类未来资源开发的"大宝库"。对于人类来说，月球上的各种资源简直太丰富啦！首先，月球岩石里的钛铁矿含量高达25%，总量超过100万亿吨，其次，地球上十分珍稀的稀土、铀等物质，在月球上却非常普遍，尤其是月球土壤中特有的氦-3，更是一种安全、清洁、高效的核聚变燃料，这种稀有的物质在月球土壤中最少有好几百万吨，而1吨氦-3所产生的电量，可以使我们全人类使用1年之久。除了这些，月球上的铝、铁、硅等资源也非常丰富，真是一个名副其实的"大宝库"啊！

⊙古今评说

月球是距离地球最近的天体，也是地球最大的天然卫星。对于人类来说，月球也是人类唯一能够通过裸眼看到表面的天体，因此它成为人类开辟宇宙新视野的"第一块蛋糕"。

时至今日，对于月球的观测已经成为人类太空科技的重要组成部分。中国对于月球观测所做出的贡献，也是有目共睹的。其中，在月球上进行天文观测，然后建立天文台的构想，也具有十分重大的意义。如果这一构想变成现实，那么人类就能够在月球上观测行星、恒星等天体的运动变化，并且通过长期的观测计算出它们的变化规律，从而更好地保护地球空间的安全性，也更好地开启人类探索外太空的全新视野。

"逐日"梦想永不停息

⊙**天文课堂**

中国古代有夸父逐日的传说，这说明古代人已经对太阳充满了好奇与向往。如今几千年的时间过去了，人类对于太阳的追逐与探索却从未停止过。通过先进的宇宙观测设备，现代人类对于太阳有了更多的了解和认识。

现在我们已经知道，太阳是一颗能够自己散发光芒的恒星。在我们人类看来，它显得巨大而耀眼，可是相比于其他的恒星，它的体积和亮度却只能算中等。不过，我们仍然不能小觑它，因为它是离地球最近的恒星，其质量包含了太阳系近98%的质量。

太阳能够自转，并且拥有十分强大的磁场。它的横截面需要109个地球才能够填满，它的内部则可以装下130万个地球，可见这个庞然大物的体积有多么的宏大！如果靠近一些观察，我们就会发现太阳的表面十分耀眼，简直不敢直视。那些肉眼可见的明亮表面被称为光球，在光球之上还有厚达5000千米的内层大气，而在内层大气之上极其稀薄的部分被称为高温日冕，它的范围能够延伸到地球，甚至比地球更加遥

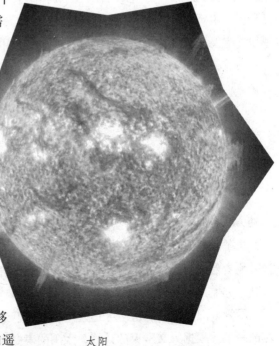

太阳

远的宇宙空间。

人类通过天空望远镜观测到的太阳活动，主要是指太阳的核心部分。根据现代天文学家的推算，太阳的核心温度可以达到1500万摄氏度，压力是地球的340亿倍。太阳的核心部分时刻都在发生着核聚变，其中产生的一部分能量被释放到太阳表面，然后通过对流过程散发出光和热。这个过程说起来好像很简单，其实太阳核心的能量到达太阳表面，至少需要好几百万年的时间呢！在太阳的核心部分，每秒钟都有七亿吨的氢被转化成氦，如果把它们换算成净能量的话，那就是5000万吨。正因此有如此巨大的能量，才使得太阳能够散发出耀眼的光芒！

近几年来，对于太阳的观测与研究，已经成为世界天文领域的重大课题之一。我国当然也不甘落后，在一批高水平的天文学家带领下，对于太阳的研究也不断地深入，甚至在一些领域已经超过了世界先进水平。

自从1934年中国第一个现代天文台——紫金山天文台宣告落成，中国就开启了现代科技"逐日"的光辉历程！1958年前后，中国的天文学家经过孜孜不倦地钻研，自主研发、制造了多台用于观测太阳的大型望远镜。此后磁场望远镜、多谱段光谱仪和精细结构望远镜也逐一问世，让中国的天文事业不断迈上新台阶！

再看看近几年中国在观测太阳方面的崭新成果，首先要说的就是太阳塔式望远镜。这部望远镜利用太阳光的反射原理进行观测，将观测地点抬高到距离地面20米的地方，这样可以最大限度地减少干扰，以便观测到更多珍稀的太阳光谱。

另外，中国还在南极冰盖的最高处建造了一个天文自动观测站，这里的海拔高达4039米，各种观测条件优越。这也预示着中国"逐日"的脚步已经到达了南极……

⊙趣味链接

对于我们人类来说，太阳简直太重要了，它以自己的光和热滋养着大地，让万物自然地生长。如果有人告诉你，太阳也有"死亡"的那一天，你会不会感到十分惊讶呢？

尽管太阳充满了能量，可是这些能量并不是用之不竭的，它们也有消耗殆尽的一天。根据天文学家的计算，太阳的寿命大概是100亿岁，如今它还只有

50亿岁，就好像人类的"青壮年"一样。可是再过50亿年，太阳的寿命就快终结了，那时候它的体积会不断地膨大，变成一颗"红巨星"，然后将水星、金星甚至是地球，一起"吞"进自己的肚子里。然后太阳的内部会极度地压缩，变成一颗密度极大的白矮星，并且温度越来越低，发出的光也越来越少，直到它变成一颗不再发光的黑矮星为止。看来，耀眼的太阳也有生老病死啊！

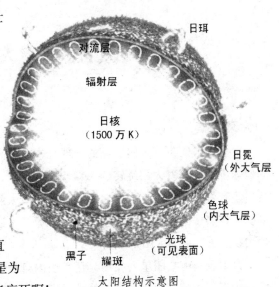

太阳结构示意图

对流层
日珥
辐射层
日核
（1500万K）
日冕
（外大气层
色球
（内大气层）
光球
（可见表面）
黑子
耀斑

虽然太阳的"死期"是在50亿年之后，我们并不会经历那场毁灭性的灾难，可是我们还是期望人类能够通过更为先进的科学技术，让可爱的太阳继续为人类服务。

⊙古今评说

通过对太阳的观测与研究，如今的天文学家已经能够对太阳的结构、成分、总光度、表面温度与能量等，做出合理的解释与科学的说明。不过这并不是说，我们对太阳的活动已经了如指掌了。比如太阳大气中的湍流、太阳风暴、爆发性的γ射线、X射线、物质的喷射等方面，仍然有许多不明之处，而太阳的这些活动会直接影响到地球的大气与磁场变化等，也直接影响到人类本身的生活，甚至是人类文明的兴盛与衰落。

正因为如此，天文学家一直将太阳当成"重点观测对象"，并且取得了许多重大的成果。再看看我国在观测太阳方面的努力。自从新中国成立以后，我国在观测仪器和观测手段上不断创新，不断进步，有效地推进了中国在太阳物理学科方面的快速发展。如今，中国在太阳物理方面的研究，在亚洲已经首屈一指，即使在世界范围也逐渐得到了广泛的认可。

奔向太阳系 "大家族"

⊙**天文课堂**

很多人都认为，我们居住的地球是一个很高级的地方，可事实上呢？我们的地球不过是绕着太阳旋转的一颗普通的行星，宇宙中类似我们地球这样大的行星还有好多好多呢！当然，它们也是绕着太阳转动的。人们把这些大行星和周围许许多多的小行星、卫星、彗星、流星，还有那些散布在行星际空间用的尘埃物质，统称为太阳系。

太阳系是由一团星云在约46亿年前因自身引力的作用逐渐凝聚而成的，它是一个在很大范围内由多个天体按一定规律排列组成的天体系统，而这个系统又是以太阳为中心的。太阳系"大家族"的成员也相当丰富，其中包括一颗恒星、八大行星、四颗矮行星和至少63颗卫星。当然，除了这些，还有约100万颗小行星和无数的彗星等。

在太阳系中，太阳算是名副其实的"老大"了，它的质量占了太阳系总质量的98%。而其他八大行星以及数以万计的小行星所占比例根本不值一提。所以，它们就像太阳身边的仆从一样，沿着自己的轨道万古不息地绕着太阳运转。太阳把它的光和热无私地温暖着太阳系中的每一个成员，从而促使它们不停地发展和演变。

我们的地球是距离太阳第三远的行星，同时也是直径最大和比重最大的岩石行星，而且根据现在的发现，它是唯一已知有生命存在的行星。地球表面有70%被水所包围，其他行星的表面都未发现这类液态形式的水，所以我们也常常说，地球是太阳系普通而又特殊的成员。

在中国，古人从一开始就认识到了太阳系中的老大——太阳，比如当时流传的《后羿射日》的故事，我们可以从中看到当时的人们对太阳系展开的一系列的研究和探讨。那时候，人们最远观察到的是太阳系行星中的土星，而在最早的时候，人们误把太阳和月亮也看成行星，不过它们相比其他行星，显得比较特别，常常被人们单出列来进行讨论和研究。

到了2003年，中国通过上百次上万次的实验，终于把自主研发的"神舟五号"成功发射上天，而航天员杨利伟也肩负着科学家们的使命，通过一系列的设备记录下了他所看到的人们居住的地球。这是我国第一次把人发射到太空上去。在此之后，中国又相继发射了"神舟六号"、"神舟七号"、"神舟八号""神舟九号"、"神舟十号"，对太阳系进行更深一步的研究。

⊙趣味链接

历史上曾经流行过"九大行星"的说法，这"九大行星"分别指水星、金星、地球、火星、木星、土星、天王星、海王星和冥王星。

不过，在2006年8月24日，天文学家经过商议之后，又把冥王星划分为矮行星，同时将它命名为"小行星134340号"。从此之后，冥王星就从太阳系九大行星中被除名，所以也就有了现在太阳系只有八颗行星的说法。

对于冥王星被排除在八大行星之外，许许多多的天文爱好者都表示赞成，他们列举了一下几种原因：第一是冥王星的发现过程是基于一个错误的理论；

太阳系九大行星

第二是由于当初人们将冥王星的质量估算错了，所以误将其列入了大行星的行列。

⊙古今评说

在中国，一个个人类太空探测器飞向太空，帮助人们掌握了太阳系行星和卫星的各类信息，了解一个个充满奇迹的外太空世界。从多年前人们刚开始步入了解太阳系，到今天发射各种各样的航天设备，从一定程度上来说，太阳系的探索工程大大地激发了科学家和天文爱好者的兴趣。

时至今日，太阳系除了有"中华星"外，还有100多颗由中国杰出人物、中国地名和中国的著名单位命名的小行星，比如为表彰旅美著名物理学家吴健雄教授对人类的杰出贡献，紫金山天文台将该台发现的编号为"2752"的小行星命名为"吴健雄星"。

当然，我国古代一些著名的天文学家也在这些命名的行列中，这种命名方式能更好地激励我们年轻人努力投入外太空的探索。

走近壮阔璀璨的银河系

⊙天文课堂

在夏季的夜晚，我们抬头望着天空，会发现很多颗密集的星星。这些星星横跨夜空，共同组成一条乳白色的亮带，就像一条奔涌不息的河流。它就是银河。

在中国古代，人们将银河称为天河或者星河。从那时候开始，人们就对它很好奇，这条长长的天河到底披上了一件什么样的面纱呢？从古到今，天文学家都没有放弃对银河的观测与研究，经过长期的努力，现代人类终于对银河系有了比较深入的了解。

太阳系的总质量对于银河系的总质量来说，简直就是小巫见大巫。银河系的总质量，大约相当于10000亿个太阳的质量，当然，这其中有一半是恒星，还有一半是气体和尘埃。不过，它们绝大部分都会集中在一个类似铁饼状的盘内，人们把这个盘子称为银盘。而银盘中心会有一个类似椭球形的结构，我们称它为核球，对于核球，它是高度密集区域。

在银盘外面，有一个近似球状的区域，我们把它称为银晕。银晕的直径大概为10万光年，在这其中，它主要拥有100多个球状星团及一些恒星，而且在这个区域的物质密度往往都会比银盘低很多。除此之外，银晕外面

银河

有一个巨大而且我们看不见的银冕，这个地方主要是射电辐射区，不过银冕的发现比前面那三个区域都晚了许多。

以前，天文学家一直认为银河系是一个漩涡星系。不过后来的天文学家提出了银河系是棒旋星系的说法，而且为了证明这个说法提出了种种线索。比如，他们提出了银心附近的星际云，是一个不规则运动，并且是以一个棒为中心的。在后来的对银河系核心附近的恒星的近红外光观测中，人们发现了这个棒状结构，为此提供了直接证据。

在探索银河系的世界天文大军中，我国也占有一席之地。近些年来，我国的天文学家利用先进的观测设备，在银河系中先后有不少重大的发现。比如1996年的时候，在国家天文台做博士后的李卫东先生，用60厘米的天文望远镜发现了一颗银河系外的超新星，这对当时整个中国乃至全世界都是一个了不起的发现。而此之后，李卫东在美国留学期间，用美国天文台的天文望远镜还发现了银河系中的两颗彗星，并以李卫东的名字命名为李慧星。李卫东对银河系的探索，也大大激发了国内许多青少年对外太空的兴趣，纷纷加入外太空知识的学习和探索中来。

⊙趣味链接

人们把银河系的物质密集部分组成的那一个圆盘称作为银盘。

银盘的直径大概有25千秒差距，厚度在1～2千秒差距之间。人们经常所说的太阳，就位于这个银盘内，它离银盘大概在8.5千秒差距，也就是在银道面以北约8秒差距的地方。

银盘

旋臂是气体、尘埃和年轻恒星集中的地方，它也是位于银盘内的。而银盘主要是由星族Ⅰ天体组成的，比如G～K型主序星、巨星、新星、行星状星云、天琴RR变星、长周期变星、半规则变星等，都是构成银盘必不可少的。

对于银核来讲，它是银盘内相对比较特殊的一个部分，因为它是唯一绕银心作刚体转动的，其他部分呢，都绕银心作较差转动，就是离银心越远的地方，它转得越慢。

⊙古今评说

在银河系第一次提出之后，人类的视野已经从太阳系逐渐延伸到太阳系以外的星系。不少天文学家和科学家也根据太阳系所总结出的经验运用到银河系上，越来越多的探索银河系的机器被研制出来。

不仅如此，银河系的提出，极大地拓展了人类观察宇宙的视野，也让更多的青少年对天文学产生了浓厚的兴趣。

庞大的星星"岛屿"

⊙天文课堂

在浩瀚辽阔的宇宙中，我们所看到的这些星体大多数是属于银河系的成员。其实，银河系只是宇宙的成员之一。

在无边的宇宙面前，银河系是很渺小的，假如把宇宙比喻成一个篮球的话，那么我们的银河系就好比是一粒小小的芝麻。在大部分人的眼里，银河系已经超级大了，没想到还有更大的宇宙空间，这让很多人都觉得很惊奇。

银河系以外的星系称为河外星系，简称星系。现在让我们一起来了解一下星系的知识吧！据天文学家估计，在银河系以外约有上千亿个河外星系，而我们的银河系只是一个普通的星系，目前已发现有大约10亿个河外星系，每个星系都由数万乃至数千万颗恒星组成，宇宙的星系可谓是琳琅满目啊！河外星系的外形和结构是多种多样的。1926年，哈勃按星系的形态，把星系分为椭圆星系、漩涡星系和不规则星系三大类。后来星系又被细分为椭圆、透镜、漩涡、棒旋和不规则星系五个类型。

这些形态各异的星系在宇宙中就像辽阔无比的大海里各式各样的小岛。大家知道离我们银河系最近的星系是什么星系吗？是麦哲伦云星系和仙女座星系。

在望远镜发明后，由于

河外星系

人们求知的欲望不断增大，人类的视野拓展到越来越远的宇宙深处，天文学家们连续不断地发现了一些云雾状天体，它们被称为星云。

中国在2008年加入了国际的星系团发现的大家族中，开始着力探索河外星系。我国的天文工作者不断努力，借鉴前人探索河外星系的经验，终于在2012年4月，在最新的美国斯隆望远镜的帮助下，发现了13万多个河外星系团，这也是目前国际上已知的最大的星系团列表。这一发现，对人们研究宇宙的暗物质，还有宇宙大尺度结构等研究项目做出了巨大的贡献。

不过，我们国家目前在这场国际的河外星系探索竞赛中，还未名列前茅。早在20世纪20年代，美国的天文学家哈勃就观测到了仙女座中的大星云，并测出了它的距离，确定了它是属于银河系之外的河外星系。而现今人们发现的超过1000亿个河外星系中，只有少部分是我国科学家发现的，在这场竞赛中，中国依然任重道远。

⊙趣味链接

离我们银河系最近的仙女座星系中的仙女座大星云，是秋天的夜空中最漂亮的天体，就像宇宙中出现的美丽的仙女，它也是在我们肉眼之内看得见的最远的天体。

今天看来，我们的银河系和仙女座大星系就像双胞胎姐妹似的，外观上十分相像，而且还一起合作管理银河系群。仙女座大星系弥漫着美丽的光线，其实是由数千亿恒星共同合作才实现的。还有几颗围绕在仙女座大星系旁边的闪亮星星，其它的归属于我们银河系。

⊙古今评说

随着科技的不断发展，我们人类也越来越有条件去探索宇宙的奥妙，如今世界各地已有数百种天文杂志和数千个大大小小的天文学会社团，仅西欧就有数十万业余天文爱好者。世

仙女座大星云

界各国为使自己在开发利用宇宙空间的宏伟事业中处于有利地位，更是加紧探索宇宙中的奥秘。

河外星系的发现将人类的认识首次拓展到遥远的银河系以外，这让我们的眼界更开拓了，这也是人类探索宇宙过程中的重要里程碑，让我们人类又跨上了进步的阶梯。

寻找"外星人"

⊙ **天文课堂**

在这浩瀚的宇宙之中，难道我们人类真的是孤独的旅者吗？茫茫的宇宙之中，是否还存在其他的智慧生物呢？如果真的存在外星人，那么外星人的形象是什么样的？

外星人是对地球以外的智慧生物的统称。但是至今人类还无法确定到底有没有这样的外星生命存在。宇宙中存在上千亿星系，银河系只能说是沧海一粟。在太阳系中，我们生存的地球只能说是宇宙中的一粒尘埃了，却生存了我们这样的高等生物，是不是很神奇呢？科学相信，宇宙是平等的，按照自然规律，在这个浩瀚的宇宙中，必定至少存在一个和地球演化相近的星球，在那里已经产生了高级智慧生物，有的甚至非常有可能超出地球上人类的智慧。

有些人宣称自己看到过外星人，电视上也有很多关于外星人的报道。有人说自己看到过外星人乘坐着飞碟来到地球，甚至还有人拍摄了一些照片，但是大部分照片年代比较久远，当时的摄影技术不好，或者是拍摄的时候距离比较远，这些照片上的飞碟和外星人的形象都相当模糊。

中国也是世界上最早记录不明飞行物现象的国家之一。不仅仅民间有关于飞碟的传说，古籍中也有大量的记载。比如宋代《梦溪笔谈》第21卷记载了不明发光物，在《庄子》、《拾遗篇》、《御撰通鉴纲目》、《二十四史》、《山海经》等古籍中，也有对飞碟的一些介绍和相关的记载。从20世纪80年代开始，在我国西部地区，不断有人目击到不明飞行物，还有人怀疑外星人的飞碟基地就在我们地球的某一个地方。

这些每次出现都格外诡异的不明飞

外星人

149

行物，引起了专家们极大的关注，所以不少国家都开始加入研究飞碟的行列中来，中国当然也不例外。1979年9月20日，第一个由民间创立的"中国飞碟爱好者联络处"在武汉大学成立，这个组织的成员从国内外各地努力收集关于飞碟的资料，给人们带来各种各样关于飞碟和外星人的最新消息。而这个组织在经历20年的风风雨雨之后，随之被"中国飞碟研究会"取代。中国飞碟研究会的出现，给中国的外星人研究事业做出了不可磨灭的贡献，同时，它也促进了更多的青少年关注外星人和飞碟。

⊙趣味链接

外星人如果要在宇宙活动，从他们遥远的"老家"千里迢迢来到其他星球，一定需要一种很先进的交通工具。在我们探索外星人的数百年里，曾有多人声称自己看到过外星人的"交通工具"，甚至还有大量的照片和视频作为证据，我们所说的飞碟也就是外星人游荡在浩瀚宇宙的"交通用具"了。

UFO是不明飞行物的英文简写，人们更多的是称它为飞碟。通常指的是那些来历不明，而且又漂浮在空中的未知物体。不过，一些人相信它是来自其他行星的太空船，但是也有些人认为UFO只是一种自然现象，并不是所谓的外星人的"交通工具"。

现在对于飞碟的描述，有"快速移动像流星一样一闪即逝，在天上划出一道长长的亮亮的尾巴"；也有"一边旋转一边慢慢消失"的，它们的外形就好像我们吃饭用的碟子一样，所以被叫做飞碟。现在被目击到的飞碟的形状已经达到100多种了。

飞碟

但到目前为止，没有足够的证据能证明飞碟真的存在，有人认为，这些飞碟也许只是一些自然现象或者是卫星掉落的碎片，不过飞碟调查专家对

150

某些飞碟目击事件仍无法作出合理的解释，而且许多自然科学家们不排除宇宙中有其他生物存在的可能。

⊙古今评说

人类在地球上生活了大约两三百万年，从前，人类一直以为自己是宇宙中唯一的智慧生命，甚至认为地球是整个宇宙的中心，但是后来随着科学技术的发展，人们的眼界也开阔了，才懂得宇宙的无边远远超越人们的想象，这也激发了人们寻找外星人的兴趣。

到了20世纪60年代，人类的探测飞船终于登上了火星，这个一直困扰着人们的谜团也终于有了解开的希望。后来，美国发射了"先驱者10号"飞船飞出了太阳系去寻找其他星球的生命。相信随着科学的发展，外星人之谜总有一天会被彻底揭开。